意林
励志 典藏
系列

◆— 一 则 故 事 ， 改 变 一 生 —◆

意林励志·典藏系列

幸福讲义

顾 平
意林图书部
编

陕西新华出版传媒集团
未 来 出 版 社

图书在版编目（CIP）数据

幸福讲义 / 顾平编. —— 西安：未来出版社，
2007.05（2018.7重印）
　ISBN 978-7-5417-3387-1

　Ⅰ.①幸… Ⅱ.①顾… Ⅲ.①散文－作品集－世界
Ⅳ.①I16

中国版本图书馆CIP数据核字（2007）第055807号

幸福讲义
XINGFU JIANGYI 　　顾 平 意林图书部 编

总 策 划：李桂珍 顾平		执行策划：孟讲儒 杜普洲	
丛书策划：唐荣跃 徐晶		丛书统筹：柴冕 吴珊珊	
责任编辑：马 鑫 王雷颖轩		特约编辑：孙玉芳	
发行总监：樊 川 王俊杰		封面设计：徐 丹	
技术监制：宋宏伟 刘 争		美术编辑：许 歌 郭 宁	
美术总监：资 源		封面供图：摄图网	
宣传营销：薛少华		出版发行：未来出版社	
总 字 数：305千字		印 张：16	
版 次：2018年7月第2版		地 址：西安市丰庆路91号	
印 次：2018年7月第4次印刷		邮 编：710082	
定 价：36.00元		电 话：029-84288355	
书 号：ISBN 978-7-5417-3387-1		印 刷：天津泰宇印务有限公司	
开 本：710 mm×1092 mm 1/16		经 销：全国各地新华书店	

目 录
CONTENTS

改变自己，你本可以骄傲而勇敢

爱的力量，点燃生命的激情

感恩失败，

才有资格去挑战

世界很大，

幸福只需一点点

改变自己，
你本可以骄傲
而勇敢

你想让自己成为喜欢的模样吗？我们的人生才刚刚开始，一切都有可能，看不清未来，就把握好现在。

温暖恰恰发生在极小的瞬间 　□张达明

> 只有体会细微之处的温暖和感动，才能品味人生的大爱。

著名作家肖复兴在其新书《我们的老院》发布会上，有读者提问道："随着看书越来越多，戴了眼镜，但眼睛看到的世界却变平了。请问怎样能够保持灵性？"

肖复兴回答道："保持自己的灵性，实际上要保持自己心的一种敏感。比如今天见到很多人，如果你觉得是司空见惯、大同小异的，你就没有敏感。"

肖复兴举了一个例子。前年，他到南京，候机时对面坐着一个非常精神的女孩。肖复兴旁边坐着一对老年夫妇，一听说话声音都是北京人。肖复兴听他们两人悄悄说话，说对面这个女孩儿长得像他们闺女。老头儿对老伴儿说："你跟她说一声她特别像咱们闺女。"老伴儿说："你去！"最后老伴儿去了，跟那位女孩儿说："你长得特别像我女儿。"女孩儿说："是吗？"然后老伴儿把手机打开。肖复兴看到女孩儿又笑了，"还真像。"之后老太太跟这个女孩儿说："我们老头儿不好意思来，但他想跟你照张相。"原来他们的孩子在美国五年多没回来。他们想念孩子，就想跟像她女儿的这个女孩儿照张相。女孩儿爽快地答应了。老头儿就请肖复兴帮他们照张相。

照完相之后，老头儿跟那个姑娘说："我能抱你一下吗？"姑娘答应了。他们拥抱了一下。我看见老头儿流眼泪了，但我没有想到那个姑娘眼睛湿湿的。

人和人之间的感情，有时候是非常温暖的，这些温暖恰恰又是在极小极小的瞬间中发生的。🎤

开始慢点，赢在终点

□ 韩大爷的杂货铺

当所有人都在往前赶，我建议你输在起跑线。

初中时的一次历史考试，复习时间只有十五天。

我对这类科目倒是蛮感兴趣，但特别讨厌背知识点。

然而要命的是，考试就考知识点，书上印的也都是知识点，老师考前还不给划重点。

当时心想，我背不完，别人也背不完，既然大家注定都考不好，那就干脆不复习了。

于是当大伙用双手捂住耳朵，嘴角唾沫横飞地念经时，放任自流的我只把书左右翻着玩。翻来翻去，觉得上了一个学期的课，这本书有几章，每章讲的是啥都不知道，也是挺遗憾的。

既然已经对考试不抱啥希望了，那就干脆用这最后的几天，梳理一下整本书的脉络吧，也算有头有尾。

当时也不懂怎么梳理，就傻乎乎地抄目录，把每单元的标题写在一张大白纸上，不知道为啥，写完感觉脑子清楚了一点儿。于是又把每单元下面每节的题目再抄上去，抄完脑子更清楚了。我便一鼓作气，把每节内容的每个小标题，以及这个小标题下大致讲了哪几个点，工工整整地抄在了那张大白纸上，白纸被填满，心里感觉像有了个大地图，一些地点之间还能搭建起关联。

那时距离考试只剩三四天，大伙背得头昏脑涨，但也生生背完了一大半，而我手里就只有这一张大白纸，但我感觉我可以搏一搏。

时间有限，只能抓重点，那这么一本厚书，到底哪里是重点呢？以前我不知道，但自从画出那张大白纸后，心里莫名有了感觉。我便把自己想象成老师，按照那感觉去有侧重地看。

最后我的历史成绩是年级第一名。

那次以后，每当要备考历史，我都会给自己留出几天时间，拿出一张大白纸，抄目录，抄每小节的标题，在下面标注上这小节主要讲什么，争取做到让一本书在一张纸上就可以一目了然。

这种做法在当时有点儿格格不入，所有人都在狂背，只有我在那一点点地搞自己的工程。老师说我在"绣花"，同学也劝我不要耽误时间，然而结果是，每次我的历史成绩都会领先全年级。

这件事让我很早就明白了几个道理：

第一，当大多数人都如何如何的时候，并不意味着你也要怎样。

第二，当所有人都陷入了一种狂热，你要提醒自己冷静，给自己一个跳出来的机会，站在更高远的视角旁观。

第三，走在正确的道路上，慢也是快；走在错误的方向上，快也是慢。

高考前复习政治，坦白说，这门科目对当时的我们来说真的挺难。理论倒好理解，但难在应用层面，尤其是选择题，四个选项跟四胞胎似的，看哪个都想选，一选就错，一错一大片。

当时老师叫我们搞题海战术，一天刷上百道选择题，做完就讲，讲完叫大家把错题整理在错题本上，可久而久之发现错的地方总会一错再错，可谓出门就上当，当当都一样。

我也是这样吗？不，我一道题都没错过，因为我一道题都没做过。

每次有题发下来，我会认认真真地读一遍题干，然后，直接去看标准答案，它说选哪个我就把哪个选项顺着题干读一遍。

长期这么顺下来，我形成了一种和出题人一样的思维习惯，高考政治选择题拿到了满分。

当时这么复习的时候有人说我懒，连动笔都不肯，可我发现，这世界上另有一种勤奋的懒惰，那就是抓过来就干，不给自己反省和思考问题本质的时间。

你问他为啥，他振振有词，说自己不能输在起跑线。

是啊，不能输在起跑线的人，连系鞋带都觉得是在浪费时间，开枪就跑，倒会领先个三五米远，但会输在终点。

很多生活经验都告诉我，越是面对重要且复杂的问题，越不能急，哪怕环境和别人再催你，你也要沉住气，给自己留一个上升到宏观层面看待事物的时间与空间。

承认自己"很笨"，是推卸责任

□刘威麟

> 承认自己的"不够聪明"，大多数时候是在为自己的"不够努力""没有能力完成"开脱。这就是聪明反被聪明误。

某天在朋友家，我指导她家小朋友写功课。那个小男生突然说了一句话："没办法啊，我就是'笨'。"

我很震惊，一个小学生怎么会说出这么成熟的话，而且这样说自己笨？是谁教他的？

我连忙制止他："怎么可以这样说？"

我连"笨"这个字都不想重复给他听，我希望这个小朋友以后别再这样想了。我安慰他："叔叔认识你这么久，很确定你是我看过的智商最高的小朋友之一！"

我很怕他真的失去信心，所以一口气"灌"给小朋友一大堆称赞："所以，你要有信心一点儿，你知道你自己其实很不错吗？"

一边说，心里一边想，一定是小朋友的父母，平常没事就经常说自己的儿子笨，一个孩子，本来很有潜力的，当你天天说他笨，他真的就会放弃了。

不过，更颠覆的才要发生。

"不过，你说了这么多，我还是觉得自己很笨呢。"那个小朋友继续说，"叔叔，拜托，我算不出来，赶快告诉我答案，好吗？"

我哑然一笑。

我发现，这小家伙并不是真的认为自己"笨"，他其实是拿"笨"当借口。

有趣的来了，小男孩的母亲送东西进来给我们吃，看到我这么认真地教她的孩子，她用充满感激的语气跟我道谢。

"哎呀，我自己就是什么也不会啊，小孩子嘛，你知道的，很'笨'的，什么都不会！"那个妈妈说，"你看，交给你，什么都没问题，以后我儿子的作业就麻烦你了！"

我简直要笑出来了。

我也确认，他们母子自称"笨"的这个说法，背后真意，并不是虚心求教，而是教了小朋友，从小就打定主意要"卸责"，要让别人帮忙，因为自己"笨"就全部不必做。

我觉得很可惜，因为那个母亲显然想训练她的孩子成为很厉害的人，没想到，却先不知不觉地教了她儿子"装笨"，这下子可惨了，儿子到处"装笨"，到处找人当打手，代为处理他所有的事。

那个说自己"不会"的人，表面上看起来好谦虚啊。其实，他不是在谦虚，他是"另有目的"。你别以为他"虚心求教"，其实他根本在设计你。

以后也要注意，如果有人一过来就跟你说，他"很弱"，他不擅长，他好像什么都不行，都要多多学习。

他真的很笨，笨到像迪士尼的乌龟或别的动物那样笨，看起来是谦虚，其实他"另有阴谋"。

常常说自己很单纯善良的人，绝对不单纯，也不善良；常常称自己是直肠子、有话直说的人，绝对不是直肠子，也不会有话直说。同样的道理，常常说自己笨的人，绝对不笨！

动不动承认自己很笨，是一种推卸责任的伎俩，大人这样就算了，别不小心教给了孩子，毕竟成就无论大小，自己做出来才算数。🌿

为什么越优秀的人越勤奋

□ Jenny 乔

不经过战斗的舍弃是虚伪的，不经历磨难的超脱是轻佻的，逃避现实的明哲是卑怯的。中庸、苟且、小智小慧，是我们的致命伤。

前段时间，看了Ins（惯性导航）上一篇关于抖森（Tom Hiddleston）的推送文章，只看了一半就果断路转粉。

此前，我也不认识抖森，对这张脸唯一的印象就是雷神的弟弟大反派洛基，当年看那部电影还是冲着女主角娜塔莉·波特曼去的。可翻开抖森的履历，就让人佩服得五体投地，会七种语言：英、法、西、俄、意、拉丁和希腊语。

放弃牛津去读剑桥是因为：和父母吵架，想离他们远一点儿。

《雷神》试镜时，为了得到雷神一角，抖森特意增重十斤。结果视镜之后，被告知要演洛基，他又默默地减掉了这十斤。

每一句轻描淡写的描述，是很多人一生都可能无法达到的高度。继阿米尔·汗、彭于晏之后，又一位男神印证了那句老话：优秀是一种习惯。

不知道你身边有没有这样一种人，明明已经百里挑一，还觉得基数太小。明明已经出类拔萃，还觉得炮灰太少。每天像缺钱一样勤奋，像欠债一样努力。每每遇上这样的人，我都会忍不住问一句，为什么？

曾经听过一个资深投资人的讲座，他洋洋洒洒说了三个小时的成功经验，却用了这样一句话结尾："做投资的时间越长，越不敢投。"

大概因为这样，巴菲特才会只买自己熟悉的行业、熟悉的公司的股票，甚至反对炒股。他曾经说："有时候我太过谨慎，但我宁可有一百倍的谨慎，也不想有1%的不小心。我不是靠炒股成为世界首富的。"

越优秀的人，越能看见自己的无知。于是，步履蹒跚、心生敬畏成了一种自然反应，但也正是这种心态，让他们不想停下探求的脚步。相反，平庸的人却经常一知半解，就觉得天下无敌。

傅盛在《认知三部曲》中提到，人有四种认知境界："不知道自己不知道""知道自己不知道""知道自己知道"和"不知道自己知道"。百分之九十五的人都处在第一层。然而，是不是自知无知，正是优秀者和平庸者最大的区别。一个人能走多远，取决于他知道自己走了多远。

所以，当我们问为什么越优秀的人越努力的时候，或许我们更应该问另一个问题：为什么我们不再努力了？以为自己什么都知道，恰恰是无知的开始。

经常有人问我，怎样能成为一个努力的人？我会反问他们，对于不努力，你的感受是什么？

他们通常会说，没感觉。

我想，这就是差距吧。真正优秀的人，是停不下来的，因为内心深处有一种对无知的恐慌。对于知识，他们永远觉得自己不够。

《成功是一条持续的旅程》中曾说，成功是一个由热情、工作、专注、推进、灵感、提高、服务和坚持组成的循环，我们一圈一圈地实现一个又一个目标，而不是一条从A到B的直线。可是，生活中，大部分人都是四十岁在吃三十岁的老本，三十岁吃二十岁的老本。

我不是说，人必要勇往直前，一次次地勇攀高峰；而是说，人要有一种危机意识和一种谦卑的心态，对于这个世界，我们不知道的东西还很多。

为什么越优秀的人反而越勤奋？答案或许很简单，他们比我们看得见更多值得努力的东西。

高考分数不会让你输掉一切

□ LYY

> 在学校你先学习，然后接受考验；而在生活中你要先接受考验，然后才能学到东西。

致自己：

嘿，现在的你还好吗？被泪水洗刷过的心，有没有变得开朗豁达些呢？或者心中不甘的火苗，仍在熊熊燃烧，无法扑灭？可是不管怎样，我还是得提醒你，擦擦眼泪赶紧出发吧，一切都还在继续啊！

你说，你对不住自己。高中三年时光，你确实很努力。为了不让自己后悔，你放弃了陪伴朋友的时间，因为你知道自己肩负着更大的责任；你不喜欢玩闹，因为你觉得一寸光阴一寸金，分秒时光都可以成为高考加分的利器，所以你很珍惜。那时候的你，拼了命去抓住每一天，背古文，背单词，背公式……你像一个疯子，忘记了自己只是个普通孩子，也会疲惫。你只是想，现在累些总比以后回首心痛要强。

你怀着忐忑的心情查了成绩，尽觉万念俱灰，认为自己完蛋了。你一个人躲在房间里哭了三个钟头，我看着也心疼。我懂的，哭不是因为分数的高低，而是心中的苦楚。没有人真正知道你有多努力，他们不会明白那一年多来早晨五点半从床上爬起来背书的坚持与毅力，以及你为了弥补弱科，狂刷数学题，一次又一次被虐得体无完肤却一次又一次执笔再战的心理纠缠。很多人不知道你的付出，自然不会理解你的苦楚。他们最拿手的，就是拿着分数论英雄。也许你在他们心中是失败的，但你自己不能这么想，你不能认输，因为你根本没有输。只要心中仍有奋斗的热血，走到哪儿都输不了，哪儿都可以成为你的舞台。

毕竟你不是为了任何人而活着，而是为了自己。活得好与坏，外人只见表面，真正的好坏从来只有自己知道。别人说旁观者清，可那过程中的跌宕起伏，自是只有当局者才能明白。酸甜苦辣咸，哪能用眼睛看出？所以，你没有对不住自己，凡事但求问心无愧，付出过，拼了命，分数多少都要面对，那是现实，不能逃避，不要做掩耳盗铃的事。十八岁的女孩更要学会坚强，坚信自己才是最厉害的武器。

不要怕，不要哭，眼泪不能解决问题，更不要否认自己并沉溺于痛苦中难以自拔。强者不会一蹶不振，只有弱者才会自怨自艾。世间多是适者生存，强者才能活得更好。所有的不如意都是让你领悟的好时机，积少成多，便离强大不远了。从小到大你都太在意别人的看法，从现在开始要改了。这的确并非易事，却不得不做。过于在意别人的看法，一不小心便会偏离心中的航向。别人的话说得再刺耳，若不在意，于你不会有半点儿伤害。你要有自己的判断，别人说的话有益便汲取，无益又扎心的，听过笑笑就罢。

还有，高考分数不会让你输掉一切，正如父母不会少了半点儿爱护，朋友不会少了半点儿关怀，而且我发现他们对你更好了。你的那些朋友，这几天都守着自己的手机，希望你知道无论怎样都有他们在身边，尽管你拨通电话只是大哭一场，电话那头也总会有人默默相伴，陪着你随着通话时间一秒一秒增加，即便伴随着电话费的增加也满不在乎，即便他们都过了重点线也提出不如陪你复读的傻话。

"朋友"二字说得轻巧，金钱也能买到，但那不过是看在钱的份上而已。真心朋友不一样，有的人一辈子没有，可你，现在就有了！高考是一个过程，却为你验证了一生的朋友，想来也是值得的。

对了，最后还要重复一下你爸爸说的话："人若一辈子只靠运气，那才叫失败。"不要去埋怨，不要整天去期待运气，人生终究还是靠自己的实力。就像诸葛亮借的东风并非如有神助，背后是对地理因素的了如指掌。上天，终究是公平的，你迟早会知道。

让自己成为自己心中的超人吧，只有自己才能拯救自己！

你终会变得更好！

最爱你的我：LYY

6月28日

越微信越孤独

□王　路

> 如果你的朋友偷偷向你吐露心事，你常常也愿意吐
> 露自己的心事作为回报。

交友聊天是一件需要契机、气氛和情调的事，否则最多就是过路之人，而微信破坏的就是这种契机。

"跟你说话呢！"

"啊？"

不止一次，在餐厅吃饭，看见邻桌各自拿起手机玩。有时是情侣，有时是夫妻，还有次是一家三口。一顿饭吃下来，没有任何交流。也许对面那个人是你最亲近的人，可即便如此，你还是忍不住刷微信和朋友圈。

最亲近的人习以为常了，就变得不太新鲜。而朋友圈，却时刻都能刷出新鲜事，每天的消息都不同于前一天。这带来一个严重后果：人正变得越来越孤独。要分析这个问题，得先研究一下孤独是什么。

孤独必定伴随着对现下境界的不满。对现下境界不满却不全是孤独，比如欠别人一屁股债，照样寝食难安，却不是孤独。孤独一定是因向往与他人共处的生活而对现下境界不满。比如，你正看书，如果沉浸在书中，哪怕看上十年，都不叫孤独；如果看了两句看不下去，觉得太冷清，就是孤独。如果你背包出门，看见好山好水，觉得一个人周游世界也蛮好，就不是孤独；如果你看见好山好水，心想要能和某人一起该多好，就是孤独。

技术手段的发展会把孤独从这个世界上消灭。隔着大洋的两个人，都可以用这种方式，得到面对面的逼真感受。但是，技术手段永远不能触及孤独问题的核心。

孤独问题的核心，只需考虑一个最简单的问题：为什么聚会往往无酒不欢？

同样两个人，坐一起聊，半天聊不出来什么。一人一瓶二锅头，喝上八两，话全出来了。二锅头是"媒人"。因为有酒，有些话才能出来。所谓"眼花耳热后，意气素霓生"。那些看起来微不足道的环境因素，在有情的聚集中产生很重要的作用，这些作用通常被忽略了。

我刚读大学的时候，好朋友在高中复读，没有手机，只能写信。有时信件也会丢失。那几年，我们往来写了十多万字的书信。我每天都会打开楼下的邮箱。每次拿到信，都不胜欢喜。他在一封信里说，公用电话长途一分钟三毛，他每天早上吃饭省下三块钱，就可以跟我聊十分钟了。后来我们都有了手机，可以发短信，就不写信了。再后来，有了微信，有了朋友圈，连打电话的时候都不再问最近发生了什么，因为那些在彼此朋友圈已经看过了。

早年写信时，说的也无非是今天朋友圈里的那些家常。只是当时的家常不是对所有的好友说的，而是只对一个人说。两个再相熟的人，在刚重逢的时刻，也不会第一句就说出内心深处的话。那些言语的吐露，需要契机。

所以，形式和内容并不是截然分离的。形式本身就是内容的一部分。顾贞观可以在八行书中用两阕词寄托对朋友的思念，但同样的情愫无法在互联网时代用微信来复制。因为他们的信笺是通过山山水水的跋涉才得到的寥寥数行字，背后蕴藏着许多艰辛。而今天，任凭怎样的烽火，也烧不出万金的家书，因为联络太容易了。

技术手段造成联络的便捷，也造成了人际关系的松散和扁平化。过去的时代，一个人一生只有几十个朋友，朋友间的关系很稳固。今天，一个人可以有上千个朋友，许多是"点赞"之交。因此，在朋友圈可以看到的许多东西，看似把彼此的距离拉近了，但这种表面的拉近，却足以造成内心的疏远。

我还记得好朋友许多年前给我写的信，说今天落了今年的第一场雪，早上醒来很开心，在食堂吃了两个包子。纵然他周围的人都知道他们那里落了雪，他早上吃了两个包子，但这样的话通过信笺告诉我，意义就大不一样啊！那时候，我总是对着一张写满密密麻麻小字的信纸或者贺卡，心中生起无限暖意，仿佛隔了千山万水的人就近在咫尺。

真正的孤独，永远不是来自万水千山的阻隔，而是来自心与万物的滞碍。

走出去，让世界找到你

□陶瓷兔子

如果你一直等，大概永远也无法意识到自己是什么样的人，如果你只是过河问路的那匹小马，也就永远无法确定适合别人的道路是否适合自己。

我曾经跟一位业界公认拼命三郎的朋友聊起一个话题：如果你不缺钱，也不缺时间，你最想做什么？

她眼神灼灼："去旅游，或者窝在家里看书练字，最好能开一家花店，或者像《破产姐妹》里的两个女孩一样，自己开一家小小的烘焙店也不错，还可以顺带卖手工首饰，一想起来就觉得人生好丰富。"

说完这话的一年零三个月，她离了职，有房有车有商铺，提前过上了退休老干部的生活。

"我从明天起就要开始看书，这周计划第一个自驾游，我要去青海，要是有合适的店铺，我就在那边当老板啦。"

她信誓旦旦地说完这句话，被子一拉睡过去，起床一看天已半黑，索性放弃阅读的计划，抱着平板电脑刷完了刚刚热播完的一部剧。

接下来的每一天，几乎都是这一天的无限重复。

"我又找了一份工作，明天起也要上班了，"到了第四个月，她咬牙切齿地说，"这四个月我哪儿也没去，书也没读字也没练，找店铺的事更是忘得一干二净，唯一的收获，就是长了十五斤的体重。"

"我是高估了'想象'这两个字的力量，以为自己知道想要的是什么，可看来我根本就不了解自己。"她说。

这并不是一个偶然的个例，想必大多数人都经历过类似的事：上学时是不是每个假期都信心满满给自己计划了各项任务，工作后每年的年度计划一、二、三……却从来没有完成过？

这并不仅仅由于拖延，而是我们根本不清楚自己想要的是什么，所以才没有强劲有力的动力来完成和实现。

对于大多数人来讲，"变得更好"只是一个虚幻的方向，它拥有无数的岔道口，你站在起点，既无法看到每条路的尽头，也不清楚更适合自己的是哪一条。

那么问题来了，你是要一直等下去，还是要一直试下去？

生活是个太过复杂的东西，在你没有想好许多因素之前，就已经被命运推着走出门去。

不要拒绝意外，因为意外是让你与世界互相试探的机会，你对什么东西有兴趣，你的天赋在哪里，如何激发自己的潜力，如何找到最适合自己的路，并不是你坐在家里苦思，或者跟前辈们聊天就能获取的真知。

你要走出去，去感知，尝试，体验，才能明白自己跟这个世界的合拍之处在哪里，而这些，不是仅仅凭借坚持"周密计划"就可以达成的结果。

如果你一直等，大概永远也无法意识到自己是什么样的人，如果你只是过河问路的那匹小马，也就永远无法确定适合别人的道路是否适合自己。

没有人能告诉你变得更好，什么才叫最有效的努力。读再多的书，听再多的经验，终究纸上得来终觉浅。我们每个人，都是在跟生活的互相试探和碰撞之后才能找到自己。

毫无疑问的是，你得先打开门，迈出脚，世界才能找到你。

在观鸟的快乐中脱离自己

□ 蒋方舟

> 你的地图是一张白纸，所以，即使想决定目的地，
> 也不知道路在哪里。可是换个角度来看，正因为是一张
> 白纸，才可以随心所欲地描绘地图。

1977年，纳博科夫的儿子在日记中写道："在他（纳博科夫）死前的最后一次见面中，我亲吻了他仍然温暖的额头——一如多年来我们之间的告别——泪水突然盈满了父亲的眼眶。我问他为何如此，他回答说，他看到一只展翅飞舞的蝴蝶；他的双眼告诉我，他不再期望活着捕到它了。"

纳博科夫是个天才小说家，但在他眼里，文学上才思泉涌的乐趣，比起在秘鲁山腰上发现一个未被描述过的蝶类的乐趣，实在不算什么。

对我来说，也有一个这样隐秘的乐趣——观鸟。

我第一次观鸟是两年前去巴西，在里约的观鸟园里看到各种动画片里才会出现的鸟类，比如巨嘴鸟，色彩饱和度强得像是海绵玩具，嘴部几乎和身体一样长，它似乎还没有熟悉自己的大嘴，缓慢地拱着食物。

最难忘的是进入一片高大的树林，光线暗得阳光透不进来，以为是树叶太浓密茂盛，结果我不小心发出声响，头顶一片哗啦啦的声音，光线骤然变亮，原来那不是枝叶，密密麻麻的竟然全是鸟。它们像一块被魔术师猛然抽走的黑布，那种壮阔我终生难忘。

鸟类有种迷人的神气。我有一次在伊斯坦布尔的高层酒店吃早餐，一只乌鸦如君王一样俯瞰着整座城市，仿佛在这座城市名为"君士坦丁堡"的时候就敏锐地目睹着它的沧桑变化。

最近一次观鸟，是前往崇明岛东滩候鸟保护区。那天很冷，下了雨，却在保护区的芦苇丛上方看到盘旋飞翔的鸟，它们从阿拉斯加迁徙过来，鸟的迁徙是漫

长而残酷的旅途，长达数月的迁徙往往让它们到达目的地时体重只剩下原来的三分之一。

鸟为了承诺涉险而来，往往却要毫无准备地面临背叛：发现自己过去的栖息地已经不复存在。看鸟在生存中的困境会让我联想到人在恶劣环境中的困境。去年我参加巴黎气候大会，去听了一个来自基里巴斯国代表的发言。那是一个绝大部分人没有听过的国家，是太平洋上的一个岛国，也是世界上唯一一个跨南北和东西半球的国家，这里最高的地方仅仅比海平面高两米，预计整个岛屿在三十年之后会被全部淹没。

发言的代表说自己只能在岛上，和其他居民一起，默默等待自己的土地、房屋、文化、民族认同、尊严感一起被淹没的那一天——作为最后一代基里巴斯人。

对于候鸟和基里巴斯的人来说，气候变化不仅仅是环保支持者和气候变化怀疑论者争论不休的词，而且是生死存亡的考验。

说回观鸟，我在东滩候鸟保护区，看湖面上一只野鸭不断把头扎进水里捕食，从中获得了一种纯粹的快乐，仿佛自己也变成了鸭子，所有的虚荣和焦虑瞬间消失，回归了最简单的生命本质。

看鸟时，我想到一个故事。美国作家乔纳森·弗兰岑是个著名的观鸟爱好者，他有一个同样身为作家的挚友华莱士。两个人写作经历类似，同样才华横溢，华莱士却在2008年因为困扰多年的抑郁症而自缢。

华莱士死后，乔纳森·弗兰岑写道："在他（华莱士）自杀前的那个夏天，我和他坐在他家的庭院里，在他一口接一口地抽着香烟时，我则无法把视线从周围飞舞的蜂鸟身上移开，并为他对此视而不见感到悲哀。那天下午，他吃下大量药剂后开始午睡，而我着手研究将要前去观赏的厄瓜多尔鸟类。我明白了，大卫无法摆脱的悲观情绪和我尚可自控的烦恼心情，其区别就在于，我可以在观赏鸟类的快乐中脱离自己，他却不能。"

"认真负责"这四个字，能成就你的一生

□赵晓璃

> 如何对待自己的每一份选择，打好手中的这副牌，
> 才是关键，才是人生这场万里长征的第一步。

知乎上曾经有一个火爆问题："为什么在大城市那么累，很多人还是选择留在北上广？"

在一本畅销书里，有一段话可能道出了很多人的心声——

"你为什么待在纽约？"

"我的野心那么大，只有最繁华的都市才能装得下。"

写出这段对白的叫Stephanie Danler，是一位高颜值的美国女孩。十年前，和很多人一样，她怀揣梦想，向往大城市的繁华，孤身一人来到纽约。

她的工作，并不是在写字楼里当白领，而是在一家餐厅当服务员。

在这家餐厅工作，侍者必须拥有专业的菜品、酒水知识，知道如何向顾客推荐食物，每一次端茶倒水，都要做到如电影里那般优雅。这位姑娘非常认真地接受培训和学习，一旦因为业务而犯错，她就会反复练习，直到练熟为止。

谁也不曾想到，餐厅里来来往往的人，最终成为Danler小说里的素材。

再后来，Danler攻读了艺术专业的硕士学位，她的第一部小说在2016年上市，并很快成为畅销书，两个月内被加印九次。

读完这个故事，我感慨万千。

我曾经访谈过一位令我印象非常深刻的女企业家，她刚入职场那会儿，只是一名再普通不过的开票员，那时候还是手写发票，计算机还没有普及。

在做开票员的时候，她特别认真，很快她发现，由于手写发票需要填写客户信息，所以客户每次过来开发票都要带上相关证照，很是麻烦。为了方便客户，

她便用一个厚厚的本子，将自己经手的客户开票信息全部记录下来，这样一来，只要在她这里开过一次发票的客户，后面即便不带证照也可以在她这里顺利开出发票来。

正是基于这种认真负责的做事态度，她和客户建立了稳固良好的信任关系，后来等她出来自己创业的时候，这些老客户给她提供了很多资源，帮她成就了第一单，让她信心倍增。

现实中，如果你仔细留意，不难发现，很多人挂在嘴边的那句话就是"如果重新来过，我就可以……"

可事实果真如此吗？

人们之所以常常陷入困境，是因为他们常常忘记了，即便没有退路，也不代表没有选择——你可以选择用心做好它，也可以选择逃避或者敷衍它。

世上无难事，只怕有心人。

总有一天你会明白，人的自信与底气都是一步步走出来的，哪怕当初的选择有多么无奈与不完美，但这充其量也只是一个小小的开始，而如何对待自己的每一份选择，打好手中的这副牌，才是关键，才是人生这场万里长征的第一步。🌢

一个包包就能决定你是否自信吗

□俞敏洪

> 其实一个人的发展过程就是一路成长的过程。人最
> 初就像是被踩进泥土中的一颗种子，关键是要去成长。

我在北大当学生的时候是一个非常窝囊的人，因为我高考考了三次才进入北大，进了北大后，我陷入了"综合自卑症"。

我之所以自卑，是因为我左看右看，总觉得自己不如周围的同学和朋友。我英语水平不是很好，而且，体育、文艺方面的才能我也完全没有。普通话我也讲不好，就这样，我陷入了自卑的状态。大学整整四年，没有任何一个女生跟我谈过恋爱，当然我也没有勇气去追求任何女生，所以我在大学同学中间显得特别没有出息。

电影《中国合伙人》拍摄完成后，陈可辛拉我去清华大学看首映礼。

看完这部电影，我惊叹另外两个男主角描写得特别完美，可是怎么就把成东青描写得那么窝囊呢？我认为，把我的形象定格到一个特别窝囊的男人身上，这是不对的。电影中成东青跟女孩子谈恋爱，好不容易追上女孩子，结果那女孩子还不爱他，把他抛弃了。这部电影中，成东青也不怎么会跟领导打交道，给学生上课，学生都跑光了，最后领导还把他开除了。创业的时候，他自己一个人做不起来，几个朋友帮着他，一起把公司做起来了。好不容易公司要到国外去上市，他又不愿意上市，打官司时才体现出一些才华。

他们告诉我，电影情节这样安排是角色需要，这样才能引起观众的注意。但是，即便如此，也不能这么糟蹋我吧？

后来，我见到另一个不在新东方的大学同学，我问他有没有看过《中国合伙人》这部电影，他说他看过。我说这部电影把我描写得特别窝囊，那个同学看了

我一眼，说："老俞，你在大学的时候确实挺窝囊的。"

我举这个例子是想说明，其实一个人的发展过程就是一路成长的过程。人最初就像是被踩进泥土中的一颗种子，关键是要去成长。

所以，现在想想我大学同学说的话，我觉得挺对的，因为我在大学时是一个又窝囊又自卑、什么都不敢做的人，后来因为有成长的欲望，慢慢地，直到今天，总算有了一点儿发展。

所以，自我感觉好与坏，与我们的背景没有关系。很多同学都因为自己的家庭状况不如别的同学而感到自卑，因为自己的长相不如别的同学而感到自卑，甚至有时候身上没穿名牌服装都会感到很自卑。坦率地说，到今天为止，我身上没穿过什么名牌服装，我身上这些衣服都是些我不知道什么牌子的，看见一件合适的，就往身上套。

当一件名牌衣服就能决定你的神态的时候，当一个包包就能决定你是自信还是不自信的时候，你就已经完蛋了。

有一次，我去一所大学，有一个学生长得很矮，跑上来问我，像他这种扔在男生堆里找不到自己的一个人该怎么发展。我告诉他，马云也就一米六多，鲁迅一米五八，拿破仑一米五七。我问他有多高，他说自己一米五五。

一米五就能决定一个人做不了伟大的事情吗？亚历山大大帝是古希腊最伟大的帝国统治者，他的身高刚好是一米五五。其实，身高决定不了一个人的成就，长相也决定不了一个人的成就，只有自信心才能决定一个人到底能获得什么样的成就。

追星族学会先爱自己 □何 炅

> 这种没有对象感的爱是不是有点儿师出无名呢？有
> 这样的心血拿来爱自己多好！

最近有个粉丝给我留言，她说最近通过我的节目喜欢上了一个大帅哥，现在有点儿走火入魔了。除了不停地在网上刷他的照片，还会拼命了解所有有关他的信息，恨不得出现在每一个有他的地方。

以前她最讨厌"追星族"了，觉得追星好没个性啊！可如今她好像成了她最讨厌的"追星族"了，常常身不由己，很是烦恼。

对这个"追星族"，我的建议是：爱他可以，但要先爱自己。

以我对偶像的理解，真正的偶像最骄傲的，是自己的粉丝因为"粉"自己而变成了更优秀、更强大，对社会更有用的人。而不是自己的粉丝为自己买了多少应援，组织了多少人去接机。

还在比这个的艺人其实是不够自信的，觉得没有这个排场就会输给别家。从粉丝的角度来说，同样的事情可以有不同的反应，一个粉丝看到自己的偶像在节目中为了完成任务奋力拼抢，有人可以学到在自己的学业和事业里不怕困难、不怕挫折，也有人会花很多时间在网上去骂节目组为难艺人。

这些都是爱，你选择怎么爱呢？

我从来不觉得追星有什么不好，有一个优秀的榜样带动自己，我觉得是很幸福的事情。偶像通过自己的努力，真的会给我们带来很多的力量。我就是这么追星追过来的。你在网上搜集喜欢的人的种种，这太正常了，没什么需要自卑的，我相信你也不会因此耗费太多时间。

但是我不理解的是，现在有不少粉丝在攀比着花时间、花钱为偶像做很多事，希望更好的应援可以感动偶像，我觉得这个关系好像弄反了，应该是偶像做得更好，给我们带来感动才对，不是吗？

一个艺人如果弱到需要你的应援才有动力，你还"粉"他干什么呢？你为你的偶像忙这忙那想要感动他，那你有没有因此变成更好的自己呢？一个值得敬佩的偶像会在意你准备的灯牌够不够大、够不够闪吗？你花四五个小时宝贵的光阴就为了在机场拥挤的人群中看他一眼，你以为他不心疼吗？有的粉丝会说："我做这些不是要感动他啊，我就为了自己爽啊！"那这种没有对象感的爱是不是有点儿师出无名呢？有这样的心血拿来爱自己多好！

爱是不用讨论对错的，爱就爱了，也没有值不值得。你对他的爱，我觉得没有什么丢脸的。但是爱，本应该让我们更强大，而不是更疲惫、更卑微。你一定懂得怎么做吧？

从"熊孩子"到"互联网英雄"，
不走寻常路的颠覆者

□周鸿祎

> 我感觉充满了希望、满足感和说不清的愉悦。我坚信，甚至在每天从不同角度轰炸我们的疯狂之中，存在着，仍然存在着，这一直都在的安宁。

从小我就算是一个非主流的儿童，有点儿像电影《看上去很美》里的主人公方枪枪，小小年纪就在自我意识与正统世界之间进行着一场轰轰烈烈的斗争。方枪枪使了吃奶的劲儿也得不到秩序社会里的几朵小红花，最终对他向往的世俗世界不屑一顾。现在看来，我也不是传统价值观的社会青睐的孩子。"听话"这个评价，从来没有被用在我的身上。

确实，我永远和正统的教育体制是一对欢喜冤家，你很难说清我是好学生还是坏学生。今天回想起来，一部分的我很适合应试这个教育系统，学习对我来说非常轻松，往往是我看上去双目无光、吊儿郎当，但是成绩一出来，都是名列前茅；而另一部分的我难以和这个教育系统相融合。

海 量 阅 读

从小学开始的阅读让我如同置身于一颗奇异星球。阅读的好处是让我增进了认知，坏处是助长了性格里的孤傲。但是阅读习惯的一个重要的潜移默化的影响就是，它让我日后步入理工男的逻辑世界时，却依然拥有人文学科的视野。

多年以后，沃尔特·艾萨克森写的《史蒂夫·乔布斯传》风靡一时，里面乔布斯提到了类似的观点。乔布斯说："我小的时候，一直以为自己是个人文学科的人，但我喜欢电子设备。然后我看到了我的偶像之一，宝丽来的创始人埃德温·兰德说的一些话，是关于既擅长人文又能驾驭科学的人的重要性的，于是我决定，我要成为这样的人。"

经过多年的揣摩和感受，加上我后来多年在互联网领域创业的经验，我对这种描述感同身受。

标 新 立 异

有一次语文老师给了我们两天时间，让我们第一次去尝试小说写作。当时我对魔幻现实主义的小说特别膜拜，对卡夫卡非常着迷。于是我模仿卡夫卡的《变形记》，写了一篇小说，题目是《我与苍蝇的对话》。

语文课阅评课堂上，老师拿回了那一摞作业，缓缓地对台下说："上次，我给大家留的作业是写小说，大家完成得不太好。所有的人几乎写的还是叙事性作文，文体上不太像小说。只有周鸿祎，这次写的作品是全班唯一一个写得真正像小说的！"听了这番评论，我心中大喜。不料老师话锋一转："不过，他写得乱七八糟的，我完全看不懂！"

班上一阵大笑。事到今天，我完全想不起，我这篇处女作小说的具体内容了，但是依然惊诧于这个标新立异的名字。

梦 想 教 育

第一次亲手摸到计算机，是在郑州一中上学的那半学期，那是我人生中第一次上电脑课。那一年，我十六岁。当老师还在讲上机的要领时，我已经迫不及待地在计算机上输入程序了。期盼了多年的上机机会，我是有备而来的，我手抄了报纸上的Basic（初学者通用符号指令代码）程序带了过去。我做梦都想知道，这些程序在一台真正的计算机上跑起来是什么样子。

整节上机课，我根本没听老师的介绍，整个人专注在程序输入的过程当中。但是我敲键盘的速度太慢了，直到下课铃响，我还在敲最后一行程序。这时候，老师让大家起身离开机房，而我还死死钉在座位上不肯走。最后老师是揪着我的领子把我从机房里拎出来的，画面有点儿尴尬。

从那一刻起，我好像真的知道我到底有多热爱计算机，又有多热爱编程了。丹尼尔·科伊尔在《一万小时天才理论》里说："在未来的某些时候，也许已经发生了——你会坠入爱河。不是和某个人，而是和某个你自己的想法——关于你想成为谁，关于你生来会成为谁。这种爱，这种激情，就是发展才能的原始燃料。"而我在那时候，找到了我的原始燃料。

从那一年开始算，到今天，我已接触电脑三十年。

完 美 保 送

接到录取通知书的那段时间，我眼前浮现的，一直是我看过的一篇文章所描写的情景：几个大学生，毕业之后被分配到了航天部、研究院等政府部门工作。但是他们心怀大志，不愿意在机关里混日子，想用自己的力量做出真正的产品。于是，他们集体辞职，创立了一家软件公司，每天没日没夜地写程序、做软件，等稍微有一点儿钱，大家就合资买了一辆车，夏天开着车去北戴河游泳、放松，等充满了电再回来疯狂地编程。日子过得有松有弛，所有的人都是被宏伟的目标驱动的。

这篇文章对我的人生意义重大，在读到这些文字的时刻，我被这样的生活击中。我知道，这正是我最向往的日子，没有窠臼，没有约束，有的只是一个不死的理想。

丹尼尔·科伊尔在《一万小时天才理论》里说，一个念头浮现眼前，那个念头将像一个雪球滚下山去。这些孩子并不是天生想成为音乐家，他们的理想源自某个清晰的信号，源自他们的亲人、家庭、老师身上的某些东西，源自他们在短短几年生命中看到的一系列景象、遇到的各色人等。那个信号触动了无意识的反应，发生了强烈的变化。这种反应具象化了一个念头：我想成为像他们那样的人。

多年之后，我看到这本书，清晰地知道我被录取的那个时刻，有个念头浮现眼前，这种反应具象化了一个念头：我就希望成为自由世界的、属于计算机王国里的那些年轻人。

思 维 方 式

1995年应该是我硕士毕业的年份，但是出去打拼了一年，我看到镜子里的自己，憔悴、瘦削、没有精神。而我的资产也变成了负值，还欠了很多债。我身心俱疲，自己知道现在已经到了承上启下的阶段，人生走到了一个重要的十字路口。

大年初二，我回到了学校，一切好像又回到了大学毕业时的那个原点。我给导师李怀祖写了一份检查，宽容的导师原谅了我。我至今还记得我去找导师的那天，李教授不但没有大肆批评我无法无天的"消失"，反而当着在场的二十多个博士和十多个硕士表扬了我，这个场景非常具有戏剧性。

他说："在你们这些人里，就小周将来可能最有出息。"我听了这句话，本来低着的头马上抬了起来，感觉不敢相信。导师接着话锋一转，说："因为我发现，你们都是正常人，只有小周不太正常！"大家哈哈大笑起来。导师接着说："小周的思维方式和正常人不一样，将来，他要么就是最失败的那个人，要么就是大获成功。"

我颠沛流离的两年确实异于常人，导师说的并没有错，对于他说的我的未来是成功还是失败的论调，我也不知道是对是错。但是，在潜意识中，我已经意识到我可能并不会走一条和很多人一样的道路。

你和世界不一样

□韩鹏大魔王

> 唯有身处卑微的人，最有机缘看到世态人情的真相。一个人不想攀高就不怕下跌，也不用倾轧排挤，可以保其天真，成其自然，潜心一志完成自己能做的事。

上学的时候，有一次脚不知道怎么了，一用力就会疼，所以挂号去医院看。

排在我前边的是一个四五十岁的阿姨，脚踝处包着纱布，还系了一条红绳。

医生一看到那个阿姨也没多说，就指了指床："坐下，我给你换药。"

拿过药之后，医生看了看阿姨脚腕的红绳，哭笑不得地说："你怎么又系上个红绳啊？我都说了这不好使，你只要遵医嘱，我保证你不出一个月就能好。"

说着，他直接把红绳剪断了。

阿姨也有点儿不好意思，旁边的应该是她儿子的男生就说："我姥姥非得系上的，我也跟我姥姥说这是封建迷信了。"

医生没什么反应，重新包上药之后，男生道了声谢就要扶着阿姨走。

医生说"等一下"，然后就跑出去了。

过了一会儿，他拿着一条红布回来，缠在阿姨的脚踝处。

"回去和老母亲说，这是医院的红布条，效果特别好。"

每当我看到医患关系新闻的时候，就会想起这件事来。

其实还是有人愿意将这个世界变得更好的。

你为什么不可以当黑羊

□ 吴淡如

> 我相信的是每个人的身体构造虽然相同，但是里头住着的是完全不一样的灵魂。有些灵魂可能老了些，强壮了些，他们必须遵从自己的声音和走向。

如果大家都是白羊，你敢当黑羊吗？

从小，在诸多女生中，我一直是只黑羊，也因此而困扰许久。你知道，很多人想改变黑羊！

"都跟别人不一样……"的指责，是我小时候不能够承受之重。"人家都要怎样……"是我最常被要求的开头语。

活到中年的好处是，当时会抓狂的，现在已经一笑置之。不然，也太没进步。从抓狂到"根本不想理"到"装作没听见"到"听了就忘了"是我EQ（情商）的进化过程。

我的爸妈的想法都跟别人一样。他们非常害怕特殊，做什么事情，都不敢有主张，一定东问西问，问完所有人的意见（不管是否专业），而且有伴才会去做。

有趣的是，连我和弟弟大学要念什么系，我家长辈都征询了平均学历不到初中的诸亲友的意见。

身为一只黑羊（这显然是突变问题），到了十七八岁，我老早就练就一身"虽千万人吾往矣"的天不怕地不怕的功夫，很擅长"你讲你的，我做我的"。我弟就算不是黑的，也不是纯白的，所以我们都暗暗填自己要填的系，走自己要走的路。

我从小就不是个要跟人家手牵手上厕所、要有人陪才有动力、要长辈批准我才做、要有人认同我才觉得自己是对的……的女生。

我相信的是每个人的身体构造虽然相同，但是里头住着的是完全不一样的灵魂。有些灵魂可能老了些，强壮了些，他们必须遵从自己的声音和走向。

这一点，我在陪伴小孩时也特别注意：就算她还小，我也不将自己的意志强加在她身上，我要先观察一下，她到底有什么不一样。

我是一个很有主张的妈妈。一直是，一向是，以后也会是。

我会"温和禁止"阿姨婆妈们对她说："你是女生就要……""别人怎样你就要……""你是女生，就要坐有坐相……"（奇怪，男生就不用吗？）"你是女生，怎么那么喜欢玩车！"（我们家的小朋友是火车狂与垃圾车狂，女生不可以喜欢车吗？）"人家小虎已经会背唐诗，你怎么还讲不清楚话……"（妈妈的想法是：如果他先跑，就让他先跑，先跑的未必会到终点站，不要硬比较）"你怎么比人家个头小……"

无论如何，我必须尊重一种可能：每个人，都可能是只黑羊，或者，他看起来是只白羊，但心里住着一只黑羊……

这个世界靠很多白羊来维持原貌，但也靠一些黑羊才能进化。

总要有人想得不一样，做得不一样。是的，这样才不会故步自封，这样人类才会有成长！

变成一个喜欢自己的人 　□刘　同

> 很奇怪，我们不屑与他人为伍，却害怕自己与众不同。

我想成为那些人，我都成为不了。我究竟要成为谁？

小时候，我想成为我爸，这样我就能给自己很多钱。后来我想成为班上最帅的那个人，因为他身处的那个世界我永远都不可能懂。后来看电视剧，我想成为律师，觉得一个人哪怕长得不好看，只要口才好，也能显得特别威风。

第一次进五星级酒店，我觉得如果能够在大堂的钢琴那儿特别唯美地坐下来，手往上一放，各种曲子都能弹出来，那该多棒！

从懂事到现在，我一直喜欢做梦，很多梦都破碎了。比如学英语，我曾下过几百次决心要学好英语，什么方法都尝试过，均半途而废。

所以我很害怕外国人问路，也很害怕出国。有一次我和一个英文更差的朋友去泰国。在商场，我没有现金了，想找自动柜员机，遇见一个当地人，我就说：A box, machine, have much money, if you inside a card, the box can give you many many cash, money.（一个盒子，机器，有很多钱，插卡进去，它会给你很多钱。）

我手舞足蹈说了半天，对方仍没有听懂。然后我那个英文很差的朋友走过来说："ATM（自动柜员机）。"

泰国人恍然大悟。

你越害怕一件事情，你就越会用复杂的方式去解决它，但往往解决不了。篮球我学了十年，然后失败了；学过美术，失败了；学过英文，失败了。

我想成为的那些人，我都成为不了。我究竟要成为谁？这是困扰我的问题。

后来有朋友对我说："先别想着成为远方的某个人，先成为你身边的某个人吧。"如果你觉得一个朋友不错，就观察他身上哪一点令你欣赏，然后要求自己也这样去做。

按照这样的方法，我发现有的人的口头禅是："先别着急，让我想一想。"每当有人这么说的时候，我都觉得对方既可爱又沉稳，然后就告诉自己，安静下来，想一想。嗯，掌握了一项新技能。

有人在会议中习惯说："您的意思我理解了，我再重复一次，您看是不是这样的？"这样的人我也喜欢，不仅加强了所有与会人员的记忆，同时避免了自己理解的错误，再次掌握新技能。

渐渐地，你处事的方式开始变得像你喜欢的那些人，那时的你会突然明白，我们没有办法突然成为某个人，但我们能慢慢地变成一个自己喜欢的人。

常有比我小一点儿的人问我："同哥，我怎样才能成为一个成功的人？"

我们没法一下子成为一个成功的人，但只要一点一点模仿自己喜欢的人，然后将这些改变组合在一起，就能成为一个自己喜欢的人。若你能客观地与世界相处，并且喜欢当下的自己，我相信周围一定有更多的人比你还要喜欢你。那时的你，多少算是成功了吧。

你不需要相信任何人对你的评价

□刘双阳

> 不是所有天上掉下的馅饼都值得忘乎所以地伸手去接，比馅饼更珍贵的，是眼中的万里平川和心底的万两黄金。

永远不要相信任何人对我们的任何评价，这样的你，才不会在不知不觉中跟魔鬼签下限制自己的契约。

那一年你四岁，非常喜欢唱歌。你有着动听的悦耳的嗓音，并且唱歌让你快乐。有一天你妈妈加班到晚上八点才回家，你不知道她今天跟同事吵了架并且被一位客户投诉，不知道她今天头痛了一整天晚上几乎都没有吃饭，不知道她此刻还是头痛欲裂并且非常想静一静。这些你都不知道。你只是很开心，看到她回家你就更开心了，你开始放声歌唱，欢快地围着她唱歌。你妈妈终于按捺不住，对你有些凶地说："别唱了！你不知道你的嗓音很难听吗？"

那一刻你住嘴了。从此你变得不太愿意唱歌了，因为你怕别人讨厌你。你觉得自己的嗓音很难听，所以索性就不唱了。而所有的这些变化，仅仅是因为你妈妈在心情糟糕的时候那么一句无心的斥责。

你上初中的那一年爱上了数学。你并没有想争什么，但是在全班的第一次数学考试中，你拿了第一名。在你看着成绩单惊喜不已时，老师在讲台上说了这么一句话："数学的思维一般还是男生比较擅长，女孩子可能开始的时候成绩很好，但是慢慢学到比较复杂的知识，就要落后于男生了。"你很难过，为什么就因为自己是女孩子，所以数学就会慢慢落后呢？

你也不懂是为什么，但你好像真的像中了魔咒般，数学成绩在初二时开始下滑。每一次你没有学好，你脑中便会响起老师的那句话，然后你发现自己开始慢慢失去对数学的兴趣，甚至开始讨厌数学。从此，你和自己，又一次签下了魔鬼

契约。

当然我可以给你讲无数个这样的"魔鬼契约"。这些契约都是你如真理般信奉的："我不擅长游泳。""做我喜欢的事情是赚不到钱并且没法养活自己的。""我如果按照最本真的自己活着，就没有办法承担赡养父母的责任。"

这些魔鬼契约都是以别人的无心、善意或者恶意的评价开始，以你最终把它变成自己内心的声音结束，然后你就在不知不觉中慢慢丧失了自由。所以你要如何打破这种契约呢？永远不要相信任何人对你的任何评价，这个人包括你自己！

因为不管别人对你的评价是好的还是不好的，那都是他们对你言行的理解。别人对我们的评价或者说对我们言行的解读，更多地反映了他们是谁，而不是我们是谁。

举个很简单的例子。你和女朋友还有另一位你的朋友走在路上，突然间你看到一个衣衫褴褛的卖花的小姑娘，你掏出钱包，买下了全部的花然后送给你的女朋友。你的朋友在心里想："他这么做就是想在女朋友面前炫耀一下自己的大方。"你的女朋友在想："我知道他是个非常善良的人，全都买下来就是想让小姑娘今天可以早点儿回家。"而卖花的小姑娘在想："他一定是很爱自己的女朋友，才买了这么多花给她。"

他们谁是对的呢？也许都对，但也可能都不对，因为你买花的真正原因，只有你一个人知道。但有一点是可以肯定的，他们对你的行为动机的解读，是透过了自己价值观的滤网，所以其实他们对你的这些评价，更多说明的是他们是谁，而不是你是谁。

永远不要相信任何人对我们的任何评价，这样的你，才不会在不知不觉中跟魔鬼签下限制自己的契约。因为你知道，你生命的流动性、复杂性和丰盛性，都由你自己来决定。这，我亲爱的朋友，才是真正的自由！

你这辈子大概会有一百五十个朋友

□佚　名

> 一死一生，乃知交情。一贫一富，乃知交态。一贵
> 一贱，交情乃见。

　　我生长的县城里，有一家门面特别小的理发馆。理发师是一对夫妻，我每年回到那个县城都要找他理一次发。

　　一般来讲，话少的理发师是最受欢迎的，但是这位理发师不同——每一位客人进来，他都能叫出这个人的名字，坐下开始剪头发之后还能随口问出人家家里的情况怎么样，女儿有没有结婚，老人出院没有……好像这个县城里所有人的故事他都说得出来。大家喜欢听他说话，大部分是因为羡慕这种记人的能力，平常人很难做到这一点。

　　按照演化顺序的先后，我们的大脑皮层可以分为古皮层、旧皮层和新皮层。早在二十多年前，牛津大学进化人类学教授罗宾·邓巴根据人类大脑新皮质的厚度，推断出了著名的"邓巴数"：人类在生理层面的认知能力，决定了一个人的"朋友圈"在八十至二百三十人之间，平均下来大约是一百五十人，这种规律现在也被称为"一百五十人定律"。而这个数字恰好也是一个典型人类小群体的数目。

　　可以从古往今来的各种人类组织中验证这个数字：新石器时代的村落规模是一百五十至二百人，罗马军队每个小队的人数是一百二十至一百三十人，18世纪英国村庄平均是一百六十人，Gore-Tex（做冲锋衣面料的公司）工厂人数是一百五十人……现在很多企业也都意识到，一旦企业的人数突破一百五十这个槛，就会开始遭遇管理危机，非得重新架构管理模式才行。

　　归结到你个人身上，也就是说，能和你稳定交往的人数平均在一百五十个左

右，后来这个理论还在推特SNS（社交网络服务）上得到验证，比如Facebook（美国社交网站）社区用户的平均好友人数是一百二十人。

然而一百五十这个数字并不是铁板一块，因为人类的交际圈子可以按照亲密度的不同而呈现不同的层级。邓巴通过研究发现，每一层的大小都是内层的三倍，一个奇妙的比例系数。

比如，一百五十个朋友里，不错的朋友占其中的十分之一（约十五人），最里层的亲密朋友，只有五个人，他们能在你遭遇重大打击的时候提供最重要的支持。

如果向外扩展，就是一些你随机认识的人了，比如五百人可能只是你微信朋友的数目，或者微博的关注数，又比如有一千五百人你见过ID但永远叫不出名字。

在一百五十个人的圈子外还能记得一清二楚的，肯定是像小城理发师那样的"社交达人"了。

有人说，我们就是在利用网络的便利一刻不停地加好友，微信联系人里称得上朋友的其实也没有那么多。但如今的互联网已经偏离原本的去中心化思想，变得越来越集中制了，连微博也对"不重要"的人限流，让备受瞩目的人更加突出，不被突出的人永远处于"沉默的螺旋"之中。也许这个"一百五十人群"，反而会越来越容易地被划分出来。

当一个傻帽悲观派，还是理性乐观派

□罗振宇

> 我想要的，是跃动的而非安逸的生命历程；我向往
> 的，是刺激和危险，并愿意为我所爱牺牲自己。

这个世界到底是会越变越好，还是会因为某个迫在眉睫的危机而变得一片黑暗？我们是要当一个傻帽悲观派，还是一个理性乐观派呢？

先从悲观谈起吧。大家闭上眼睛想一想，这个世界上有多少会让我们悲伤的事情，贫困、疾病、土壤沙化、大气层酸雨、臭氧层稀薄、生物种群灭绝、小行星撞地球……

先说有利。有人给美国前副总统戈尔算过一笔账，他光靠吓唬全世界人民就有上亿美元的进账，而他自己在田纳西州的豪宅的人均碳排放量是美国人均碳排放量的十几倍，是中国的一百多倍。

在公元前8世纪的古希腊时代就有诗人吟唱道："过去的时代多么美好，现在是多么糟糕。"古希腊人把世界历史分成三个阶段：黄金时代、白银时代、黑铁时代。黄金时代是很久很久以前的事了，而"现在"是最糟糕的黑铁时代。

但有趣的是，所有这些"高大上"的、显得那么正确而有智慧的言论，没有对过一回。

一个最典型的例子就是工业革命。工业革命应该说是人类历史发展到今天最没有争议的、对人类贡献巨大的一个历史阶段。可是当时的文人是怎么描述那段日子的呢？大学者罗素就讲过一段话，稍微学过经济史、有点儿常识的人都知道："工业革命带给英国人的是一场灾难，那一百年时间里英国人的幸福感和之前一百年是没法比的，而这些问题都怪科学技术。"

其实当时很多把工人阶级的生活状况描述得一团漆黑的人，是根本没有在工

业区待过的文人，包括有些贵族老爷到工业区一看，那么脏乱差，居然还把衣服晒在户外！贵族老爷自然看不惯这些，但这恰恰是工业革命爆发之后，英国人生活水平改善的一个标志， 他们开始换洗衣服了。那时候法国人一般不在外面晒衣服，一辈子只有一件老棉袄，还是世代相传的。

18世纪早期，英格兰人只能吃黑麦、燕麦做的面包， 但是到了工业革命快结束的1850年前后，小麦做的面包以及原来非常奢侈的肉、蔬菜、水果这些东西，已经进入了寻常百姓家。我小时候真被吓得不轻。

1968年，有几个意大利人和一个苏联学者在一幢小别墅里搞了一个聚会，把全世界很多著名的科学家都请去了，探讨人类的未来会怎么样。一探讨，他们就觉得这日子没法过了。1972年，他们发表了一篇著名的报告，署名是罗马俱乐部。那篇报告叫《增长的极限》，内容是说整个地球的资源已经快用完了，石油最多够用三十年，人类没几天好日子过了等等。

可是实际上呢？四十多年过去了，各种资源的探明储量不仅没有减少，反而在增加，增长的极限没有到来，我们仍然在玩命地往前跑，丝毫没有停下来的迹象。不管这些言论有多么崇高的动机，它们有一个共同特征，就是都说错了，因为它们对现状的描述、对未来的预期都没有实现，最后被证明正确的是我们这些傻乎乎的理性乐观派。🔹

所谓工匠精神，就是聪明人肯下笨功夫

□百　合

> 心心在一艺，其艺必工；心心在一职，其职必举。

去岁冬，贾樟柯上了一堂剧本创作公开课。整整两个半小时，他不喝水也没有讲稿，就坐在那里侃侃而谈。语言流畅，表达清晰，内容全都是实用干货，不藏私，不故弄玄虚，一招一式细细地讲，金句迭出。

他提到自己打算新拍一部古装电影，为了找到在清朝的感觉，已经停工整整一年。他特意将自己的作息调整到与古人一致，日出而作，日落而息，有意规避现代化都市的喧嚣夜生活。他说自己浸淫到这种生活里，对剧本创作来说，"构不成情节，但构成气味"。

台下有人窃笑："这方法够笨。"就冲这"笨"，他的新片出来我一定去影院买票。

最刷好感的事情在后面。当他讲完起身致谢，如雷的掌声响起。主持人热情洋溢地感谢他在百忙之中来授课，并说贾导马上要坐高铁回北京。

"等一下！"他忽然打断说，"我还有一点要补充，关于'美的判断'。"他又坐下来讲了十几分钟才匆匆离去。

贾樟柯曾经为服装设计师马可做过一部纪录片，片名叫《无用》，即马可的服装品牌名。

马可曾经有一批客户是一群舞者，来自台湾著名的云门舞集，她受邀为他们设计演出服。从接到邀请开始，马可就深入舞团，给舞者们量体的同时，和他们每一个人交谈，并拍下每一个人的舞姿。当她第二次来到舞团时，舞团创始人林怀民惊讶地发现，马可叫得出每一个舞者的名字。

令林怀民更惊讶的是当演出服被演员穿上身的一刻。那么多群舞演员，马可不是做成统一的服装，而是用相同颜色材质的布料，根据气质，给每个人做了一件适合自己的独一无二的舞服。她最后做出的衣服，每一件都完全是舞者本人的样子。真不嫌麻烦。

看得出她也喜欢下笨功夫。

用平常人的眼光，以他们的名声和天分，根本用不着这样。

贾樟柯上课的最后那十几分钟内容，不补充也没关系，身为大腕，又没有人规定他必须讲什么，但他选择在已经结束时再次返场。在资本为王的市场里拍部电影，为努力找到清朝人的感觉，要用整整一年的时间将自己与世隔离。

马可给舞者做的那些舞服，都做成统一制服也没什么，只是一场群舞，当追光打下，舞者开始旋转跳跃，在台下的观众根本注意不到这些细节用心。但她仍然出力不讨好，要有多少人就做多少种款式，绝无雷同。

因为他们自己知道，有没有这点儿笨功夫，那是不同的。不讲完那十几分钟内容，在贾樟柯心里就不叫授课完整；不浸淫清朝人的生活节奏，他怕交不出满意的答卷，即使票房飘红，但未必达到自己心里的标准。

观众看不出服装的关窍，但对舞者是不同的。当穿着独属于自己的定制舞服，跳舞会有不一样的感觉，最终你呈现给观众的，会有微妙的不同。而对于服装设计师马可而言，更是不同，每一件衣服都有生命，所以值得庄重以待。

二

这些笨功夫，下在细节处，却决定了整件事情的本质。

我家厨房有一把菜刀，当时买的时候我妈觉得好贵，但因为早就听说这个品牌的刀具用的是上等好钢，其每一道工艺堪称精湛，还是咬咬牙买了下来。现在这把菜刀已经进我家十年了，从来没有磨过，但它保持了始终如一的锋利，好用到飞起。每每听到它切菜时"嚓嚓嚓"的悦耳声音，我们都对那素未谋面的打造者充满了崇敬之情。

无论做什么，是做电影还是设计服装，是写文章还是翻译书，哪怕是打一把厨房菜刀，要做好，靠的无非是被称为"工匠精神"的品质。

如果我们暂时没条件拥有好的，至少不要失去判断力，要知道什么是好的；如果我们暂时得不到好的标准，至少不要随波逐流，失去一颗向好的心；如果我们在向好的过程中力有不逮，至少要做到"我已尽力，唯求心安"。

柴静说过："好东西是聪明人下笨功夫做出来的。""聪明"虽不易，但最难的是"笨"，是那颗清白单纯的赤子之心。🎤

你们缺的不是爱，是对爱的表达

□休闲璐

人与人之间的相爱、离别、转身，从来都是不可预知、无法捉摸的。我们无法得知最爱的人、最好的朋友什么时候会出现，"早知如此"四个字美妙又无力。

你们相信星座吗？

我有一个单身的朋友最近恋爱了，我们都好奇是哪位好汉打动了这个铁骨铮铮的单身狗。聚会时朋友说："我是最难搞的天蝎座，他是和我绝配的巨蟹。你们知道遇到一个我喜欢他，而他也刚好喜欢我的巨蟹男有多不容易吗？我怎么可能放过他！"

这位朋友是典型的星座狂人，她将自己的情感、运势等寄托于一个又一个的星盘。我以前不懂她的狂热，在我看来毫无逻辑和科学性，但是现在我也开始渐渐理解她了。

人类都是感性动物，有时候过于自信，有时候又过于自卑。特别是在要做某个重大的决定时，很多时候我们无法完全相信自我判断，害怕做决定，于是将选择权交给星座，期待星座可以带来答案或依据。我以前完全不理解沉迷星座的人，但是当我遇到倒霉事，就下意识地对自己说"没关系，我只是这段时间水逆，下个月就好了"时，我就知道自己只是嘴上说着不信，但身体还是很诚实。

没有人不渴望预知未来。前段时间有句台词火得一塌糊涂，"如果早知道我会这么爱你，我一定对你一见钟情。"当时我的少女心都快爆炸了，但是最近回味起来我又不禁在想，这本身就是一句注定无法实现的承诺啊，人与人之间的相爱、离别、转身，从来都是不可预知、无法捉摸的。我们无法得知最爱的人、最好的朋友什么时候会出现，"早知如此"四个字美妙又无力。

我记得我念书时学校订了英语报，我们班上的小姑娘最喜欢看的就是最后一页的星座运势，如果谁的本周运势是五颗星，开心得要死。虽然知道多半都是报社小编瞎扯的，但依旧乐此不疲。当我们猜不透未来，又想探知未来时，就会下意识地在其他人或事中寻找答案。

真的是星座让我们倒霉或者让我们相爱的吗？不是的，星座只是一个纽带，它把两个毫无关联的人拉到一起，在寒冷的夜里彼此温暖。人与人之间的相爱、离别、转身，从来都是不可预知、无法捉摸的。缘分这东西相当玄妙，最终还是靠我们自身去把握和争取。

很多时候，正确的人其实就在彼此身边，你们之间也许就差了一句问候，一次契机。无论是亲情、友情，还是爱情，都是需要我们去付出和维护的。星座网站告诉你，你们的速配指数高达百分之九十，于是你就可以心安理得地静候吗？再命中注定的缘分，也经不起消磨和蹉跎。

我们总是先找到同类，再成为自己

□周宏翔

> 其实每个人的青春都是在黑暗中度过的，那是因为过于在乎别人的感受，因别人而高兴，因别人而失落，完全没有了自己。

最早在一本武侠故事上读到：每个人都是一座孤岛。

当时年幼无知，认为这句话极为震撼，仿佛一时间倒吸了一口凉气，醍醐灌顶一般领略到了些许人生哲理。可是越长大，越发现，其实，这样的言辞有失偏颇。

在小镇成长起来的青年，时常因为接触到外界的信息过少而并不了解真正的世界，有时候因为别人的一句话或者一些轻微的举动而一叶障目，认为所看到的即是常理和共识。在我们成长为真正的大人，离开自己所生长的故乡之前，我们很可能因为一些与其他人细小的区别而感到自卑或者自我厌弃。

但随着时间的推移，当我开始走出我生活的地方，进入别的城市，开始接触形形色色的人的时候，我慢慢发现，我们所以为的极少数，其实并不是真正的少数派。他们就像是海洋里发出独有频率的海豚，与其他都不相同，但宽广的海洋之中，一定有能接收到他们的频率的另一些同类。

高中那年，英语课晚自习，英语老师给我们放《快乐的大脚》，这个讲述企鹅的故事，在某种程度上给了我们一些启发。电影中的波波（另译为玛宝）不像自己的父母甚至大多数企鹅那样有美妙的歌声，他的脚比一般的企鹅都要大，他喜欢跳舞，但是没有企鹅会跳舞。波波被当成了企鹅之中的异类。波波也经历了被当作特殊个体的失落期，开始怀疑自己是怪物，但是后来直到他遇见阿德利企鹅的时候，才知道原来跳舞的企鹅并非自己一只。他开始接受自己，认识自己，最终成为自己。

我在高中有一个好兄弟叫围墙。我们经常会出现这样的情况，我在看的书他也恰好在看，我去商场买的某件衣服恰好他也会买，我们总是会在不同的时间、不同的地点做一些相同或者类似的事情。说起来很奇妙，但事实上就是这样，我曾向语文老师要求做课代表，他也要求了。我身边读书的男生太少了，但好在有他，在我的青春期里，围墙就是扮演着这样的角色，我们因为同一本书而产生共鸣，进而成了无话不谈的朋友，后来之所以能够成为一个写作者，我相信和这段经历有直接关系。

　　我身边还有很多朋友和读者，因为自己的体形、性格、自我观念甚至性取向而担忧的个体，他们或许就像十几年前我身边那些有细小差别的同学，担心自己其实是一个另类的个体。当然，也有这样的朋友，会因为自己的特立独行而感到骄傲，但毕竟是少数，可你需要知道的是，这个世上，真的会有一个和你发着相同频率的人存在于世界的另一个角落。原本就为难的人生里，我们要相信，自己并不是一座孤岛，即使世间没有真正的感同身受，也一定有一个和你经历相仿的人，不过只是时间的差别让你们先后经历着同样的事，所以，请不要觉得孤单。

　　有一天你会明白，你不是一个人，而是一整支队伍，乃至一个部落。◉

当你穷困潦倒的时候

□肖复兴

> 你身边的人可能跑在了你前面，也可能落在了你后面，但是每个人早一点儿选择，即便失败，也能早一点儿改善，早一点儿接近成功。

到纽约，我在格林尼治很想找到一个名叫"问号瓦"的酒吧。这是一个古怪的店名。可惜，由于人生地不熟，时间又匆忙，我没有找到。

鲍勃·迪伦曾经住在这间酒吧的地下室里。

有一天，鲍勃·迪伦看见"煤气灯"酒吧的著名歌手范·容克，披着一身雪花走进来。当时，鲍勃·迪伦籍籍无名，范·容克已经是大腕了。他极其崇拜范·容克，在来纽约之前，他就听过范·容克的唱片，而且像现在我们很多"模仿秀"歌手一样，对着唱片一小节一小节地模仿过他的演唱。鲍勃·迪伦曾经这样形容范·容克："他时而咆哮，时而低吟，把布鲁斯变成民谣，又把民谣变成布鲁斯。我喜欢他的风格。"

人高马大的范·容克意外而突然地出现在"问号瓦"酒吧，让鲍勃·迪伦异常惊异和激动，一时不知该如何是好，只是远远地站在一边看着范·容克。他看见范·容克抖落身上的雪花，摘下手套，指着挂在墙上的一把吉普森吉他要看。酒吧里的人立刻把吉他取下来给他看，就在他看完并拨弄了几下琴弦之后，显得不大满意转身要走的时候，鲍勃·迪伦鼓足了勇气，一步走上前，"把手按在吉他上，同时问他如果要去'煤气灯'工作，该找谁……范·容克好奇地看着我，傲慢、没好气地问我做不做门房。我告诉他，不，我不做，但我可以为他演奏点儿什么。"

这一段，是功成名就之后鲍勃·迪伦在自传里写的话。足见那时他的自信，而非事后的修饰或改写。他们就这样认识了。他的自信，让范·容克留了下来，听听这个愣头青要弹些什么。那天，鲍勃·迪伦为范·容克演奏了一曲《当你穷困潦倒的时候没人认识你》。这曲子选得非常有意思，颇具象征意味。它既像一种自嘲，也像一种暗示，甚至是挑战，充满了弦外之音。从此，鲍勃·迪伦便从"问号瓦"走到了"煤气灯"，开始了和范·容克一起演唱的生涯。他可以有六十美元的周薪，这是他来纽约之后第一次有了相对稳定的收入。这个坐落在麦克道格街上的在20世纪50年代首屈一指的酒吧，将带着他改变命运。

当鲍勃·迪伦第一天晚上去那里演唱，在走向"煤气灯"的半路上，他在布鲁克街一个叫"米尔斯"的酒馆前停了下来，走进去先喝了点儿酒，镇定一下自己的情绪。他有些激动，对于一个二十岁的年轻人来说，面对即将到来的命运转折，激动是可以理解的。

但是，想一想，这样的命运转折，仅仅是范·容克给予他的吗？如果命运中没有范·容克出现呢？或者根本就没有范·容克这个人呢？又会怎样？换句话说，如果仅仅有范·容克这么一个大腕，而没有年轻时才会有的勇气、自信和漂泊闯荡，他还是蜗居在家乡北明尼苏达的梅萨比矿山里，能够有这样的命运转折吗？如果没有在底层的学习磨炼，包括对着范·容克唱片一小节一小节地仔细而刻苦地模仿，能够有这样的命运转折吗？

"出了米尔斯酒馆，外面的温度大概是零下十摄氏度。我呼出的气都要在空气中冻住了。但我一点儿也不觉得冷。我向那迷人的灯光走去……我走了很长的路到这里，从底层的地方开始。但现在是命运显现出来的时候了。我觉得它正看着我，而不是别人。"鲍勃·迪伦在自传中这样说。这里说的"走了很长的路"和"从底层的地方开始"，我以为就是命运这只大鸟能够最终飞翔的一对翅膀。

在纽约，在格林尼治，我没有找到"问号瓦"的酒吧。但我找到了鲍勃·迪伦——年轻时候的鲍勃·迪伦，还有年轻时候的我自己。

来人间一趟，你要摘次月亮

□花　凉

> 人生很长，每个人都在寻找自己的方向，但是生即是活，生命最大的意义就是活出自己的意义，为梦想而奋斗。

我读初三的那一年，十三四岁，那时候我听不懂化学课，我们家旁边开了几家租书店，一本书一天一毛钱，我花了五六块钱，在初三的化学课上，看完了琼瑶的六十部小说。

当然只能偷偷地看，那时候的老师和父母一样，热衷于收缴压在课本下的课外书，我小学的时候便被收缴过一本《一千零一夜》，到了高中已经练就了一身好本领，能在被老师发现之前迅速地把课外书藏起来，想再收缴我的课外书，门儿都没有。

那时候的我，也会偷偷地编织一些故事，晚上在完成作业之后的台灯下，拿出本子，像模像样地写着自己心中的故事。

坦白地说，在那个以学业为重，还是应试教育的时期，我所做的一切，都被父母和老师，冠以"不务正业"的名号。

爸爸曾在我抽屉里发现一张张手写的言情故事时勃然大怒，呵斥我："你再这样不务正业迟早会毁掉的，你以为自己真能写出来什么东西吗？"

当然，我说这些，并没有责备父母或者老师的意思，我能理解他们，因为同一些特殊的道路比起来，他们更愿意我们安安稳稳，走上那条大多数人会走的较为平坦的道路。

有时我会收到一些男孩女孩的私信或留言，他们和当年的我一样，有着同样的期冀与憧憬，也有着同样的困惑与迷茫，有人说"我一直都有着自己的文字梦，希望有一天也能发表自己的小说"，或者是"我今年高一，我以后想做个导演，拍出最伟大的电影"，也有人说"我好想学音乐，我妈妈不同意"。

我想说的是，当你们写下这些的时候，你们应当知道，自己是幸福的。因为在这短暂的生命中，你们找到了自己的月亮。它挂在你的窗前，遥远又明亮，它让你对明天怀有期待，让你有想要努力的方向。你要做的，就是踮起脚来，努力地触碰这轮月亮。

在第一篇小说发表之前，我有三个月的退稿期。我记得那时候我通过网络认识了一个同样刚刚开始写文的姑娘，我们在写稿的深夜里互相鼓励，在收到退稿信的时候互相安慰，约定坚持到三十岁，我们当然没有等到三十岁。如今我二十四岁，离第一篇文章变成铅字已经过去了六年，六年里当然有过迷茫与疲惫，有过压力与焦躁，有过怀疑与懈怠，但因心中的这点儿明月光，我都知道，我不会放弃写作。

它给过我太多温暖，给过我太多慰藉。它让我不管在现实生活中遇到怎样的伤痛与挫折，都有港湾可躲避。它让我仍怀有天真与热忱，仍相信理想与爱。

如今我有机会在专栏中写下这些话，同你们分享这些人生的过往，我想对自己说声谢谢，谢谢当年那个在深夜里揉着眼眶，小心翼翼地将文档粘贴进邮件里，再满怀期待地按下发送键的少女，谢谢她坚持了下来，并且会继续坚持下去。

电影《超凡蜘蛛侠》里，女主角格温在毕业典礼上说过这样一段话："我们总以为青春是永恒的，实际上并非如此，生命的价值恰恰在于它并非永垂不朽，生命因有限而可贵。现在我更能体会到这一点，我之所以要说这些，是想提醒大家，生即幸福，不要浪费生命为别人的想法活，要活出自己的意义，为你珍视的事物奋斗，心无旁骛，即使最后未能如愿，至少我们曾精彩地活过。"

你来人间一趟，你要摘次月亮。

十年的答卷　　□石　月

> 你有没有想过十年后的自己是什么样子，有没有达到自己理想的状态？其实，最重要的是，你现在的样子，决定了十年后的生活。

十年前我十三岁，老师要我们每个人都给十年后的自己写一封信。十年后的今天，我无意间找到了这封信。

这封信全文500来字，在十三岁的自己眼中，二十三岁的我应该是个"持美貌行凶"、步步生风的"女汉子"。

十三岁时我刚上初中，我的兴趣第一次从各种漫画转移到时尚杂志上，沉迷于学习模特们的穿搭风格、化妆技巧。之后就是初一第一学期期中考试，我考了第五十二名，班上总共七十人。家长会后我妈大发雷霆，当即带我剪掉了及腰的长发。我的少女时代从那一天转变了画风，从一个人缘还不错的爱美女孩，变成了害羞内向的短发少女。

令人难过的不只是这些。不知道为什么，青春期别人都在抽枝拔节，我却偏偏不长个儿。从那时起，我的青春期里所有的枝丫都转而向内生长。我开始不停地画无数个自己，长裙的、短裙的，高跟鞋的、运动鞋的……一切关于变美的愿望，都在幻想里完成了。

内向生长的不仅是爱美的心，还有少女懵懂的感情。初二时，我的同桌每天都会敲敲我的桌子，然后笑着，看着我的眼睛不说话。在我眼中，一个人对你笑而不语，就是喜欢了。从那时开始，我不断地写，写女生青春期的各种思绪，以及对那个人的观察。

他开始给我打电话，约我出去吃饭。我拒绝了几次之后，还是在中考结束的第二天答应了。我记得约会地点是一家肯德基。那天我等了一个下午，男生并没有出现。在我离开时，他打来电话——他组织了几个要好的朋友，在肯德基外面围观了我一下午。后来很长一段时间，我每想起此事都觉得羞愧难当，更别说想起那个人。

这封来自十三岁的信的最后，我问了十年后的自己三个问题——你会比我更好吗？爱是什么呢？我失败了，你会成功吗？

那么，我现在就来回答。十三岁的我，你要听好。

后来，你在高中时快速长高，长到了一米六三，也变瘦了。妈妈最终同意了你留长发。变美这件事，你不会等太久。再后来，你考上了大学，大二就开始赚钱了。虽然二十三岁的你并不"持美貌行凶"，但我敢保证，你一定对自己十年后的模样满意极了。

关于爱，我想说，你从来没有失败过。你现在认为的失败是因为你这个年纪的男孩子完全不懂爱是什么，可他们会长大，你也是。在未来的十年，你将活得特别过瘾，你会发现你的能量完全超出了自己的想象。

值得注意的是，十年前，咱爸第一次因为脑梗住院。当时你浑然不知这件事的严重性，甚至在他痊愈出院后，咱爸咱妈也都不认为这是一件严重的事。在你过了完全不必为家人担心的十年之后，咱爸在一个雨天登山时，再次犯了心梗。因事出突然，差点要了他的命。因为这件事，咱妈也崩溃了。这时我才发现，我突然变成家里的顶梁柱了。不过别担心，后来咱爸痊愈出院了，只是行动变得慢慢悠悠，像个老人了。告诉你这些，一来是要你负起责任；二来也顺便回答你"爱是什么"这个问题。

嘿，十三岁的我，真希望平行时空真的存在，能把我的答案带给你。

最后，谢谢你，多亏你，我才拥有现在的一切。

你的小圈子，正在杀死你的努力

□维小维

世界上或许没有什么人是真正粗糙的，有些人显得粗糙，只是因为他们不愿意面对一些细致的情绪。

刚刚出来工作的时候，我立马就陷入了左右为难的境地。

因为我所在的公司有N个小圈子，我实在不知道应该加入哪一个。

当时公司有几个阵营，珍妮姐领头的小圈子人丁旺盛，资金充裕。她还斥"巨资"100块请我吃了一顿肯德基。

你要知道肯德基100块的话至少要吃两个全家桶了！实不相瞒，作为吃货我也是吃得下的。只是感到珍妮姐对我能吃的本领有点儿惊讶。

老虎哥领头的小圈子立志高远，誓要把珍妮姐的客户都拿下来，我怎么听着觉得那像是黑社会接头的小把戏？最淡定的要数云妮。她自成一派，谁也不跟，平时独来独往，做自己的事，走自己的路。

有一次，作为新人的我跟她做一个项目。每到中午，其他小圈子的人各自在自己的群里喊吃饭，聊八卦，约喝茶，怼老板。只有云妮静静的，哪个群也不进。她看见我也是个"闲云野鹤"一般的新人，于是就邀请我一起吃饭。

吃饭时，我问云妮我到底应该怎么在公司的小圈子相处，她语出惊人："混错的圈子，不如不混，说不定，会活生生把自己的努力杀死。"我当时懵懂地看着她，她笑着说："以后你就明白了。"

我没明白，而且越看越不明白。因为我看到那些经常背着项目经理在私下拉群聊八卦的同事，基本上都没有丢工作。是的，他们都好好地活着，只是一直混在中低层。

他们日复一日地做重复的工作，生活中除了欢脱的东家短西家长，各个老板的严厉程度排行榜，就是附近哪家咖啡店开始打折，哪个同事又被领导骂了一顿。

工作好像就是他们的一项副业，总是很容易就能完成。更难的似乎是如何在老板来到自己身后之前把聊天窗口关上。他们的领导极少给他们分配难的事情，看上去混得还挺不错。

而一直不爱参与这些小圈子的云妮，好像挺没有人缘的。她总是接被别人嫌弃的活儿，她貌似过得更加不容易一些，然而，三年后，云妮跳槽了。从普通的项目经理跳到新公司做业务总监，远远超过了当时比她还要早入行的珍妮姐和老虎哥。

我也似乎明白了，三年前云妮的意思其实是：并不是不应该搞好人际关系，而是不该混在和公司利益对立的圈子里。

混在这样的人群里，我们一定会分神，一定会抱怨，也一定会传播无谓的负面情绪。

和正确的人混在一个圈子会有多大的作用？中国有个顶级富豪商会：华夏同学会。里面有马云、马化腾、李彦宏、刘永好、王健林等大佬，富豪们除了聚在一起谈谈守护GDP（国内生产总值的简称），危难时刻还能抱团支撑。

"混圈子"这件事情很早就有一句俗语来概括：物以类聚，人以群分。

直到今天我做了管理层才明白，很多人在刚出来工作的时候真的是不懂。大部分人都喜欢舒适地私拉各种和工作无关的，让自己好像很快乐的小圈子。自由自在讨论吃喝玩乐，发泄不良情绪，显得很不孤单。那样的行为，在一个崇尚边界感的职业世界里，只有一种低廉的幼稚感。

在这样的圈子里久了，只会毁了一个本来挺有潜力的人。王小波说得好，假如你什么都不学习，就只能活在现时现世的一个小圈子里，狭窄得很。

我跟你交往，纯粹为了炫耀

□大忘路

> 我们都是长途跋涉攀登人生峰峦的旅人，在向上攀爬的路上难免会疲惫、沮丧，但只要有人伫立在前方，如同黑暗中的一团火，夜空中的指明星，峰顶上招摇的旗帜，我们就会有方向。

昨晚看美剧《黑镜》第三季，背景是一个一切社交生活都会被纳入评分体系的社会。女主角很努力，每天7点就开始假笑和人社交，为的就是让自己分数提高一点儿。女主角的人生目标是，去和高分的人交往，去成为高分的人。

我也犯过那样的错误，前几年，我被引荐给一个很厉害的媒体人，我知道他喜欢卡佛。为了投其所好，我花了好几个晚上，通读卡佛的短篇小说和诗歌，了解他的生平。

见面的时候，我很突兀地把话题引向了卡佛，我说我喜欢他"极简主义"的写法，我记得他只是"呵呵"一下，并没有接我的话。

现在想来，他肯定觉得我很好笑吧，想讨好他的心机暴露得太明显。

就像《黑镜》里，女主角讨好一个高分的人失败后，朋友对她说的："你用力过猛了。高分的人什么没见过？一眼就看穿了你的企图。"

后来我加了他的微信，拼了命地想和他产生点儿什么友谊，也整天想着怎么毫无炫耀痕迹地跟大家炫耀我认识这位大人物。有一回看到他凌晨发了个在医院输液的朋友圈，我刚好也发烧，很有感触地留言："有时身体一旦产生疾病，性格的疾病也就随之产生。行为颓废的话，性格也就跟着颓废起来。人的健康和道德，有时就是抵抗力的问题。"这是川端康成说的，我觉得这么有文化，他应该懂吧，结果他回了一句："你是？"

我也突然认清了事实：去仰望这样的人对我的人生会有什么帮助呢？我生病了他不会来跟我说让我多照顾自己，我心情不好他也不会陪我去撸串喝酒，我被欺负了他更加不会为我出头。

这难道就是我想要的朋友吗？难道只为了那可怜的虚荣心吗？他能给我带来一点儿温暖吗？从那以后，我就对和大人物交朋友失去了兴趣。

《黑镜》这一季里还有一条故事主线，女主角去当儿时玩伴的伴娘，但她们也是想着互相利用，能在婚礼上好好表现提高一点儿分数而已。

这种也不是朋友间的虚荣。

我觉得，朋友间的虚荣应该是，你对他好，他对你好，你想把这份友谊向全世界炫耀。

我想我也有这样的朋友，鲍哥，跟《甜蜜蜜》里曾志伟的角色名字念起来一样。他会在我失恋的时候，跟我说："傻女孩儿，满街都是男人，你说你喜欢哪一个，我去帮你绑来。"

我刚来北京的时候，他拜托朋友借沙发给我住，还会大老远地从燕郊赶来，问我工作找得怎么样，带我去吃烤鸭。临走前，他还会主动给我塞点儿钱，说一个女孩子家的，要多对自己好一点儿。

我们其实也没有很了解对方，也不会时时更新近况，他甚至都不知道我换了几份工作，我也不清楚他和女朋友交往到哪个阶段了。但我确定，他陪我度过了无数个平淡的日子，是我想得意地向别人提起的好朋友。我也在他郁郁不得志的时候给他支持，我们是人生路上的好伙伴。

这远比添加一百个所谓大人物的微信让人感到幸福、安心多了，谁在风雨中不需要同行者呢？🎤

人生没有 GPS，只管用你的方式走下去

□林一芙

> 每个人都是有自己的人生课题的。正如所有的婴儿
> 需要依靠自己学会走路，所有的年轻人，也需要自我的
> 人生实践，完成自己成长的课题。

在我们家，我爸爸会画画，我妈妈会设计衣服，甚至连我家的小表妹随手拈一支笔都能画一幅四格漫画。

我也很小就开始学儿童画，觉得有趣又简单——直到我第一次接触素描。

那时候，我第一次知道，原来画画还要去体会光影的位置。

老师在讲台上问："看到影子在哪个方向了吗？"全班异口同声地回答："看——到——了——"而我懵懂地看着大家，响应着大家还没有完全说出口的嘴型，然后画出一个完全相反的光影效果。

某一次比赛失利之后，我回家哭着对家人说："为什么我不会画画？为什么我永远分不清楚光和影的方向？"

当我身边那些曾经一起画儿童画的同学都已经能够交出完整的画稿，能把静物组合描画得栩栩如生时，我只能循着美术书上的成品图，临摹出画稿。

后来，我阴差阳错地成了作者，认识了很多同是作者的朋友，才发现这种"没有用的废物"原来不止我一个。

某PPT（演示文稿）制作达人，大学毕业后进入金融界，却无奈自带看到数字就犯困的属性，工作一直无法得心应手。上司对这个刚毕业的学生给予了最大的善意，才不至于在每次听完一塌糊涂的汇报之后破口大骂，夸无可夸，只能拍拍他的肩，鼓励地说："PPT做得挺不错。"没想到，这条路一走就走成了他的职业。

一个数学系的男生，在稳定的教师岗位上工作了十多年。他实在不是个好老

师，教学上没有出什么成绩。唯一能让他自信起来的，就是在课堂上偶尔与学生们滔滔不绝地谈古论今。业余的时候，他总爱写小文章，被同事说成不务正业。结果，他就靠着这些"小文章"，建立起了自己的自媒体。

我们都是曾经"人生失败小组"的成员。

在能够接触到的有限领域，我们都是普通人。没有天赋的我们被挤到了人潮里，就算有心人愿意静静端详，也不能够确保我们被人看见。

人生真的没有导航，所有的名人传记里克服迷茫的方法，在具体的事件面前，都是无效的方法论。

我们永远都在接触自己身边的小圈子，认可并执行一种固定的生活方式。但事实上，当一脚踏出这个圈子，我们会发现还有无限大的世界，那里也许有一些事情更值得我们去坚持，一旦开始，请不要结束。

我们就像寓言里带着孩子和驴进城的商人，无论骑着驴、牵着驴还是扛着驴，总有人在指责你没有按照规定的路线走。或许他们是好意，以为脚下的坦途放之四海而皆准，可只有你的脚是真真实实地踏在土地上。你一定要按照自己的"脚感"来决定，走哪一条路。

征服迷茫的办法，就是坚持你现在选择走下去的方式。

人生没有GPS（全球定位系统），不要害怕，只管用你自己的方式走出专属自己的人生路。

如果现在有机会遇到那个曾经慷慨激昂地说想做画家的自己，我会告诉她，你身边的人都在走的那条路不一定是正确的，请坚持用你自己的方式走下去。🖋

一秒钟的交会

□林青霞

如果有一天你真的觉得自己活得轻松了，那不是因为生活越来越容易了，而是因为我们越来越坚强。

车停在高邮南门大街口，窗外下着蒙蒙细雨，一路上听的都是中国南征北战的历史故事。连日来参观许多古文化遗址，有时徘徊在千年古迹的赵州拱桥上，有时站在新石器时代的黄土墙边。

目睹殷墟遗址妇好墓里被活活埋葬的蜷缩在马车后的奴隶遗骨、正襟危坐毫无惧色自愿陪葬的将领白骨，感到震惊和无限唏嘘。

我在古今的交错下，仿佛置身于时代的洪流里，对人生有不少的感悟和叹息。他日我们也终将变成历史的尘土，现在能够自在地一呼一吸已经是一件值得快乐的事了。

我深深吸了一口气望向窗外，感恩那细雨，令我们在酷暑的天气里仍能怡然自得地怀思古之幽情。刹那间，我被一个画面吸引。

一个只有四五岁的小男孩，两手扶着落地窗门，身上只穿着一件大红小领T恤衫，两眼没有焦距地对着窗外，一秒、二秒、三秒、四秒、五秒、六秒……就这样一直没有动过，那眼神不应该属于这个年龄的孩子。

他在想什么？是不是因为这个下雨天没人陪他玩而正无聊着？我忍不住跟他招招手，他回过神来看看我。我拿出逗小孩的看家本领逗他玩，这时他才恢复孩子般的神情，转身往后跑。我心想："他不会舍得不回头再看我一眼？"后面显然没人搭理他，他又急忙往回跑，想留住窗外的风景。

我努起嘴唇一张一合扮小鸟嘴，两只手在耳边呼啦呼啦扇。他又急忙往后跑，还是没有人肯跟他分享这风景。我在车窗里欣赏他心情的起伏、情绪的转变，他显得不知如何是好，把长窗关上，马上又再打开，又关上，再打开。最后他站在门边灿烂地笑了，笑得好纯、好真。

他开始接受我，向我招招手，这一秒钟我们成了朋友，我感觉我们两个人的心灵都闪着亮光，就像两颗流星的光辉映照着对方。这时车子渐渐开始移动，下一秒我们的招手已经变成挥手道别了。

相信那晚我会成为那个小男孩饭桌上的话题，不知道这话题会持续多久，也不知道这次的邂逅能在他小小的心灵里留下什么。但是他成了我文章的主人公，那么我们这一秒的交会或许可以变成永恒。或许有一天他看到我这篇文章，脑海里会浮现出他家门前那辆大巴士里逗他玩的女子。

远敬衣衫近敬人

□一池月光

> 我终于相信，每一条走上来的路，都有它不得不那样跋涉的理由。每一条要走下去的路，都有它不得不那样选择的方向。

很小的时候，母亲说过一句谚语："远敬衣衫近敬人。"

那是一个夏日的午后，我在家门口的大树下玩，一个衣衫褴褛的人过来问路，又讨水喝。我带着他走进院子，高声喊母亲。母亲从屋里走出来，见到讨水的人，问了几句话，回屋从大水缸里舀出一瓢清凉凉的水。

那人走后，我怯生生地问母亲："妈，他穿得可真破，会不会是个坏人呀？"

母亲摸摸我的头说："'远敬衣衫近敬人'，他穿得虽然破，但是衣服洗得干干净净，一定不是坏人。"

母亲的话，让我觉得，做人，就该做一个内外兼美的人。

对于任何人来说，优秀的内在是必要的，但是，外在美也不应该被忽视。

庞统是三国时期一位极具才华的谋士，人称"凤雏"，与"卧龙"诸葛亮齐名。徐庶曾对刘备说，"'卧龙''凤雏'，得一而可安天下！"赤壁之战后，孙刘两家都在招贤纳士，按说声名正盛的庞统，本可以扶摇直上，建立一番功业，然而，他的不修边幅，葬送了难得的两次"面试"机会。

第一次面试，在芜湖，考官是孙权。鲁肃举荐庞统后，孙权大喜过望。庞统前来拜谒，孙权见他"浓眉掀鼻，黑面短髯，形容古怪"，心中老大不高兴，加上庞统言语中轻视周瑜，就随口说："先生回去吧，等用你之时，再去相请。"庞统乘兴而来，败兴而归，但并没有因此吸取教训。

第二次面试，在荆州，考官是刘备。可惜很不巧，对庞统知根知底的诸葛亮视察四郡未回。见到依然不修边幅的庞统，刘备的反应和孙权一样，只给他安排了一个耒阳县县令的官职。

着装打扮虽是个人生活习惯，但也或多或少反映出一个人的内心。尤其在求职面试的特殊场合，考官又是孙权、刘备这等猛人，如果仍不注重，就有点儿不知轻重了。毕竟，衣着言谈举止是"第一印象"。

庞统后来被器重，得益于张飞。

一次，张飞去耒阳县巡视，听说庞统每日喝酒，不理政务，立马就到县衙找庞统算账。见庞统"衣冠不整，扶醉而出"，张飞很生气，可这时，庞统抓住了显示自己才华的绝佳机会，一百多天积压的公务，他只用半天时间，就处理得干干净净，井井有条，直把张飞看得目瞪口呆，回去后，极力向刘备推荐庞统。刘备这才拜庞统为副军师中郎将，与孔明共赞方略。如果庞统能在第一次面试失败的时候，就注重自己的仪容仪表，那么，他可能早就被刘备看中，建立更多的功业。

反观诸葛亮，则大不相同，刘备第三次相请时，诸葛亮装睡，可当童子说刘皇叔已等候多时时，孔明赶紧起身说："何不早报？尚容更衣。"立马走进后堂，过了半天，才"整衣冠出迎"。诸葛亮对仪表的注重，既是对刘备的尊重，也是对自己的尊重。

叔本华说："人的外表是表现内心的图画，相貌表达并揭示了人的整个性格特征。"芸芸众生，有美就有丑，我们可以不美丽，但是不能形容邋遢；我们可以不漂亮，但是不能举止猥琐……

如果你连外在都懒得去经营，谁会关注你内心的丰富与善良？如果你连外在都不注重，谁愿意花过多的时间、精力，去了解你是否具有真才实学？

做一个内外兼美的人，为自己，也为那些赏识你的人。

我成为"高富帅"的那一年 　　□午　歌

> 当我们有意和过去拉开距离时，它唯一意味的，就是我们自己的改变，我们从来就不能告别往事，我们只能告别自己。

小学五年级的时候，我的身高已经惊人地蹿到了1.75米。那时候我瘦得好似一副风筝架子，为了和普遍比我矮半头的同学协调混搭，我在走路时拼命弯腰，好似一尾水中游弋的虾蛄。这种常见的海洋生物，在北方有一个好听的名字叫"富贵虾"，可是用我们的土话喊出来却是——"拉尿虾"。

磊子是我的最佳损友，和我同在校运动队，他的专项是百米跑，而我练篮球。磊子很帅，高鼻梁、大眼睛、头发乌黑发亮，最重要的是头发还有点儿自来卷；而我除了"海拔"略高之外，在他面前似乎一无所长。

当然这样的差距还有很多，比如，磊子他爹是桥梁工程师，满世界出差旅行，满世界给他买各种漂亮衣服和帅气的运动鞋；而我爸爸是一个木匠，对，一个木匠！

我刚上小学的时候，我爸爸常常告诉我，他制作的柜子其实是一种神秘的时光机。人钻进去，关上柜门，时间就会飞速地流转——以至你在柜子里坐了很久，开门出来的时候，发现时钟其实只走了小小的一格。

我喜欢隔壁班一对姐妹花的微笑，高一点儿的叫马晓，矮一点儿的叫沈玉。马晓扎着一个马尾辫，看上去清新爽利。沈玉扎着两个马尾辫，看上去更加清新爽利。她们同时微笑，而我很自然地会将目光和沈玉纠缠在一起。她会不自觉地脸红，我也会，我会心跳加速，我猜她也会，这是我们之间一种不可言说的默契。

有一次，校队打比赛，磊子、沈玉和马晓都在场外观看。我抢到后场篮板，一路带球突破杀进前场，起三步时，被对方球员撞倒。在加速坠落中，我将球迅速抛向空中，然后狗吃屎一样地重重倒地。球在篮筐上颠了几下，最终还是弹出来掉在对方球员的手里。

赛后，我胳膊搭在磊子的肩膀上，一步一瘸地滚回家中。马晓和沈玉迎面走来，我有些羞愧，不敢看沈玉的眼睛。马晓则很奇怪地没开磊子的玩笑，只是淡淡地对我说："虾蛄哥，其实那个球很棒啦！"

天哪！在我人生灰暗无光的时刻，她居然没有用土话叫我"拉尿虾"，而是在我的小名"虾蛄"之后，有情有义地加上一个"哥"。我在马晓难得的柔声细语中，还是将目光锁在沈玉美丽的身影上。可那天她终究什么也没说。

几天后，磊子找我上树薅桑叶，说是要送给一个女孩养蚕。

我问："你打听到哪里有了吗？"

磊子说："咱们语文老师石春梅家的后院就有！"

我说："那咱们上语文课的时候溜出去薅，好不好？"

磊子说："就知道你小子一定有主意！"

我说："去的时候，带个篮球！"

磊子说："带什么篮球啊？"

我说："石老师回家看见树上的桑叶被撸光了，一定会追查的，但是应该不会怀疑那一对翘课打篮球的小伙伴吧？"

磊子说："就知道你小子一定有馊主意！"

就这样，我和磊子翘了语文课去语文老师家的后院薅桑叶，折腾了两大包回来，挂在男厕所的瓦房顶上，又赶在下课之前，捧着篮球晃晃悠悠地从后门溜进教室。

出人意料的是，石春梅老师正在讲台上正襟危坐地念着我的作文《爸爸的时光机》，看到满头大汗的我，石老师忽然停了一下，指着黑板说："这篇想象力很丰富的作文，就是最后排那个逃课打篮球的午歌同学写的。"

同学们齐刷刷地扭头向我投来诧异的目光，我顿时呆住了，心中对石老师的知遇之恩感激得无以言表。磊子把头窝在课桌下，扭过头，嘟嘟囔囔地说："是你写的吗？啥时候练出了这文笔？"

接着，磊子又翘了数学课，我蹲在教室的最后一排，从门缝里，远远地看见磊子把两包桑叶塞给了马晓。

磊子回来后对我表达了无限感激之情，今后代他写情书的事，我就要包圆了！

就这样，我帮磊子写了两个月的情书。春天快结束的时候，《唐伯虎点秋香》在学校附近的影院上映了。磊子让我陪他和他喜欢的女孩子一起去看"唐伯虎"，我又一次爽快地答应了下来。

磊子说，他会穿上他爸从美国给他买来的大风衣，他让我也收拾得利索点儿，别给他丢人。我溜回家中，心头小鹿乱撞，在家里翻箱倒柜地折腾了好一阵，最后我找出了我爸的一套西装——那是前年我小舅结婚的时候，我妈买给我爸的，而我的身高已经逼近一米八啦，我完全驾驭得了这样一套拉风的行头。而更让人惊喜的是，西装的上衣口袋里，居然藏着一张五十元的人民币。

我大步流星地走出门，揣着五十元的大票，我觉得我的人生，从来没有这样高大、帅气、富有过！

走出影院，已是黄昏时分。正像唐伯虎点中了秋香，而沈玉和磊子自称"我们"一样，佳人眷属，美好爱情的大结局总会给人长久的温暖。

马晓忽然说："好帅啊！"

"你是说唐伯虎吗？"我显然明白马晓是在夸赞我西装革履的样子。

"不！是你刚刚买爆米花的样子，阳刚劲儿十足，真的好帅！"

我憨憨地笑笑说："所以，你是那个负责传递桑叶的女孩！"

马晓说："所以，你是那个代写情书的男孩！"

我大惊，忙问道："你怎么知道？"

马晓说："沈玉给我看信上写的'你头顶扬起的马尾，像我出手的三分球弧线'时，我就知道是你啦！"

那天，我不知从哪里来的勇气，居然邀请了马晓去我家小坐。在前厅的大柜子前，我生平第一次有点儿自豪地向马晓介绍了我老爸的时光机。

可没承想正说着，我居然听到了老爸从后院开锁进门的声音。

为了不让我爸发现我偷穿他西装的糗事和免于一顿胖揍，我几乎是不假思索地拉着马晓的手，跳进了我爸做的大柜子里。在我听到我爸"嘭"的一声锁门离去之后，我的手还是紧紧地和马晓的手攥在一起。

如果这真是时光机该有多好，我们就这样悄无声息地躲在里面，走完一辈子……

爱的力量，点燃生命的激情

爱是一个珍贵的字眼，因为有了爱，我们才会坚强地面对挫折，直面人生；只有学会去爱，我们才能收获更多的爱。

陛下，请喝微臣的洗脚水

□佚　名

> 人们通过每一个人追求他自己的、自觉期望的目的
> 而创造自己的历史，却不管这种历史的结局如何，这就
> 是历史。

郑和下西洋的目的众说纷纭：寻找失踪的建文帝，向周边国家宣扬大明帝国的宗主权，但有一点毫无疑问，那就是在明代中国人看来，郑和下西洋虽然劳师糜饷，却足以彰显天朝威严。

位于马六甲的满剌加国就是一个典型的例子。这个王国的开国君主拜里米苏剌一直面对阿瑜陀耶王国的强大势力忧心忡忡，因此当时郑和的舰队到来时，他忽然想到可以利用明朝的大国威力来压制阿瑜陀耶的窥视野心。

国王接受了永乐皇帝的册封，正式成为远在海洋那一边的大明帝国的臣属。满剌加很快成了郑和下西洋时最忠诚友好的物资补给港，郑和的船队在满剌加设置了带有四向大门、瞭望楼和栅栏的城寨，用以保卫这个小小的藩属国。根据明朝史书记载，永乐帝在位的二十二年里，满剌加国王共派遣十五次朝贡使节来北京觐见皇帝，永乐皇帝也降下谕旨，命令阿瑜陀耶不得为难满剌加。

这种天朝与藩属间的关系听起来近乎完美，也符合后世学者对所谓"朝贡体系"的认识。但满剌加本国的史书和民间流传的故事大相径庭。

根据满剌加的《王统计》记载，中国皇帝派遣的舰队不是为了宣扬天朝威仪，而是因为皇帝罹患了一种难以形容的慢性疾病，国内御医束手无策，只好派出使臣寻求灵丹妙药。使臣听闻满剌加的国王具有治疗奇病的神力，不得不求国王赐药。国王思忖后把自己的洗脚水赐给使者，使者带回国内给皇帝饮下后，果然药到病除。这个观点迥异的传说一直流传了六百年，好在双方都不知道对方对自己的记载。

细读的妙处 / □肖复兴

> 很多问题就是这样，站在宏观层面把问题本质想通之前，人会像个无头苍蝇般乱撞，但想通之后就会有的放矢。

读书从来有粗细快慢之分。

读书细的功夫，是阅读的基本功之一。读书要细，这个"细"，说着容易，做起来很难。什么叫细？头发丝这样叫细？还是跟风一样看不见叫细？多读几遍就叫细吗？这么说，还是说不清读书要细的基本东西。不如举例说明。

已故的老作家汪曾祺先生的短篇小说《鉴赏家》，或许能够从阅读的细这方面给予我们一些启发。

小说讲述了乡间一个名叫叶三的卖水果的水果贩子，跟城里一个叫季陶民的大画家交往的故事。这个大画家家里一年四季的时令水果，都是叶三送的，所以他和画家彼此非常熟悉。有一次叶三给画家送水果，看见画家正画着一幅画，画的是紫藤，开满一纸紫色的花。画家对叶三说："我刚画完紫藤，你过来看看怎么样。"叶三看了这幅画，说："画得好！"画家问："怎么个好法呢？"

这就要说明什么叫细了。我们特别爱说的词是：紫藤开得真是漂亮，开得真是好看，开得真是栩栩如生，开得真是五彩缤纷，开得真是如此灿烂。但是，这不叫好，更不叫细，这叫形容词，或者叫作陈词滥调。我们在最初阅读的时候，恰恰容易注意这些漂亮词语的堆砌，认为用的词儿越多，形容得才能够越生动。恰恰错了。我们还不如这叶三呢。叶三只说了这样一句话，画家立刻点头称是，叶三说："您画的这幅紫藤里有风。"画家一愣，说："你怎么看得出来我这紫藤里有风呢？"叶三跟画家说："您画的紫藤花是乱的。"

紫藤一树花是乱的，风在穿花而过。读书的时候，要格外注意这样的细微之处，这是作者日常生活的积累。作者在平常的日子里注意观察，捕捉到这样的细微之处，才有可能写得这样细。而对于我们读者来说，在文本阅读中读得仔细，会帮助我们在生活中观察得仔细；同样，在生活中观察得仔细，也会帮助我们在阅读中读得仔细。

还有一次，画家画了一幅画，是传统的题材，耗子上灯台。画完了以后，赶上叶三又送水果来，画家说："你看看我这幅耗子上灯台怎么样？"叶三看完以后说："您画的这只耗子是小耗子。"画家说："奇怪了，你何以分出来？说说原因。"叶三就说："您看您这耗子上灯台，它的尾巴绕在灯台上好几圈，说明它顽皮，老耗子哪儿有这个劲头，能够爬到灯台上就不错了，早没有劲头绕了。"

什么叫细？这就叫细。你看见耗子，我也看见耗子，你看见灯台，我也看见灯台了，但是，人家看见了耗子的尾巴在灯台上绕了好几圈，我没有看见，这就有了粗细之分。

又有一次，画家画了一整幅泼墨的墨荷，这是画家最拿手的。他在墨荷旁又画了几个莲蓬。叶三又送水果过来，画家问他画得怎么样。画家也跟小孩一样，等着表扬呢，因为叶三是他的知音呀，但是这次叶三没表扬，他对画家说："您呀，这次画错了。"画家说："我画了一辈子墨荷都是这么画的，还没有人说我错。你说我错，我错在哪儿？"叶三说："我们农村有一句谚语：'红花莲子白花藕'，您画的这个是白荷，白莲花，还结着莲子，这就不对了，应该是开红花才对呀。"画家心下佩服，他想，叶三一年四季在田间地头与农作物打交道，人家的农业生活知识比自己来得真切！画家当即在画上抹了一笔胭脂红，白莲花变成红莲花。

细，还在于生活的积累。没有生活知识的积累，只凭漂亮的词语是写不好文章的。叶三告诉了画家，缺乏生活知识，即使画得再细致入微，却可能是错误的，是南辕北辙的。知识是文章写作时的底气和依托。"操千曲而后晓声，观千剑而后识器"，说的就是这个道理。文字表面的细的背后，是知识的积累。这种知识，靠书本的学习，也靠生活的实践。

细读，锻炼我们的眼睛，让我们的眼睛能够看到文字背后的细微之处；也锻炼我们的心，让我们的心在日常生活之中能够细腻而温柔。

你才刚刚启程怎么就想走捷径

□刘　同

> 人不能决定自己能抓到什么，但能决定如何打牌。人生是被选择，也是选择，每一个微小的选择逐渐叠加成为人无法抵挡的命运。

我收到了一条来自远方亲戚小孩的短信，内容是：

哥哥，我刚加入××集团工作，我们要为集团筹备一场三个月后的商业演出，想要联系两位一线小鲜肉××和××，我现在负责这个工作，但我找不到他们的联系方式，你能给我他们经纪人的联系方式吗？

也许在很多外行人眼里，做媒体的就应该认识各个电视台的栏目组，拍电影的就能认识所有的大明星，在央视工作的就能在《新闻联播》播一条新闻……反正无论是我还是周围的媒体朋友，都被人这么误会过。

但由于这位远房亲戚小孩的短信情真意切，也很少联系，我想了想，决定帮她问问。鉴于我并不知道两位小鲜肉的商业联系人是谁，我首先问了同事他们各自的负责人，然后发现其中一位和自己相识，然后再发微信给对方问是否能联系他。最终对方经纪人回复："因为该艺人对自己的演出效果要求很高，所以只在自己的演唱会表演，拒绝其他形式的商业演出，原因是效果达不到，请见谅。"

完全能理解。

末了，负责人问："怎么让你来问了？你们工作室的新媒体都有我们的联系方式啊。""哦，是吗？可能是那位亲戚的小孩没有看到吧。非常感谢。"

接着，我把情况跟小孩说了，让她以后多留意一下新媒体，毕竟每个人都很忙，不一定会帮忙。

过了几天，这件事已经被我抛之脑后。前几日我一下飞机，手机里陆续收到四五条短信，有图片，有文字，我一时没反应过来发生了什么事，等我认真阅读完之后，整个人就不好了。

短信还是那位远房亲戚的小孩发来的，她给我发来了他们公司签约的演出资质合约，证明这个演唱会是真的，然后说到现在为止，还有一个两个三个四个谁谁谁谁联系不上，问我能不能帮忙联系一下。

第一，我们的关系没那么熟，你怎么能上来就做这些要求呢？第二，早知如此，我绝对不会帮上一次的忙。第三，年末的我超级忙，超级多事，你一定以为，我在这行不是工作十几年了吗？不就是打个电话发个信息的事情吗？——对不起，真不是。第四，这是你的工作，你的工作不是直接来找我，让我帮你完成。如果你不认识我，你会怎么办？你是上网查，用诚意打动对方，还是走别的捷径？

有些话不能说，因为我们的关系还没到可以直接说这些的地步。

我是这么回复她的："你找我这件事太令我惊讶了。首先，我不干这份工作。其次，我有很多自己的工作。再次，你的工作任务，不是给我发来一堆文件说'你看我有证明，你帮帮我'。所有人的联系方式，在他们的社交媒体账号上都有，无论邮件还是电话。以后不用联系我了。"

我跟我妈说了这件事。我妈说我太直接了，至于生那么大气吗？我说我生气不仅仅是她麻烦了我、打扰了我，而是她丝毫不觉得她这么做有何不妥。如果我不用这样的方式，她永远意识不到自己的做法有多不妥当。如果真的能因为牺牲我一个，而让她成为一个凡事会思前想后的人，那这种闹掰也是有意义的。

面对打脸，最有力量的反击是打回去

□陈思呈

命运给予我们的不是失望之酒，而是机会之杯。因此，让我们毫无畏惧，满心愉悦地把握命运。

最近关于校园欺凌问题，朋友圈里基本分为两派意见。一派是"打回去"派：最有效的，是第一时间予以最大反击，竭尽全力，让对方付出高昂代价。另外一个观点，则是主张"申请仲裁"，认为：摆脱丛林法则，要从娃娃抓起，在能够申请仲裁的情况下，其实没有必要鼓励孩子以暴制暴。这两派观点，乍一听都觉得很有道理。这个问题，我问过自己的孩子。他的反应令我非常吃惊：他居然眼圈红了。他满脸委屈地说："妈妈，以前我很怪你，因为我在上幼儿园的时候，你老是跟我说一句话：'无论如何都不能打架。'后来我就变得不会打架了，就算有小朋友打我，我很生气，很想打他，但我还是没有力气打架。"

因为我以前总认为人要懂得吃亏，睚眦必报的人是最辛苦的。更可怕的是形成打架的习惯。还不如一开始被打的时候就退让，大事化小、小事化了。

看过一部丹麦电影叫《更好的世界》，里面的小男孩伊莱亚斯因为自己是瑞典人的身份，一直受到同学们的排挤。其严重程度构不成动用司法，但又足以损害自己的生活。伊莱亚斯的父亲对儿子的教育是：你不用怕他们，但如果你还手，你也就变成了和他们一样的傻瓜。他被修车工打了一巴掌，但他并没有还手，因为他想用自己的行为告诉孩子们："我主动从恶的链条退出来了，我并没有失去什么，是他输了，我没有输。"

我受这种观念影响至深，因为我也深知，以牙还牙对自己生活的消耗。以牙还牙在情绪上比较解气，但同时把自己搭了进去，等于被对方挟制。我也曾经遇到过恶意，这些恶意也引起了我的戾气，然后让我处于一种战争状态，最后发现，我是把自己降到与对方一样的阴暗中，使用了对方的思维模式，其实这才是真正的损害。我一厢情愿地这样想，所以也就经常这么向孩子强调。儿子的脾气不算温顺，我的强调，让他默认这是一个真理。他大概曾经为此受过不少委屈，我都不曾了解过，而在此时，他突然发红的眼眶，让我意识到，我可能犯下很大的错。

我在这场教育里，对于人性，有一种愚钝和不诚实的压抑。从深层看，我根本不认可孩子有自己的意志，我希望他生活在一种安全的规范里，做一个我理想中的圣人和好孩子。我真的以为他能理解我所说的"从恶的链条中退出来"吗？而在这样的教育中，作为一个孩子，他对于自卫的力量完全得不到发展，也得不到学习与鼓励。由于不敢出手，慢慢地，变成无法出手，没有力量出手。他找不到保护自己的方法。这变成一种无力感。

还有一个后果，是现实上的。这样的躲避和退让，如果幸运，固然是好；如果不幸，会让他更加成为被欺负的对象。被欺负多了，他甚至可能会成为那个疯狂报复的人。

也许我的做法，是企图人为地让孩子处于一种消毒过的环境中。孩童中的恶，其实是普遍的。河合隼雄写过，几乎任何人都体验过某种意义上的恶，体验过这样的恶，经过各种形式的锻炼，孩子才慢慢地长大成人。"恶"是一个自然法则，弱肉强食、恃强凌弱是一种让自己活下去的法则，在这样强大无所不囊括的法则之下，与其说忍让，不如说犯规，并且对个体无利。

儿子之所以会红了眼眶，意味着他在这样的压抑和躲避里感到屈辱。我后悔自己曾经的道貌岸然。我愧对孩子。我只希望从此自己能更真实地面对人性，就是对孩子有真正正确的教育。🌢

没有谁的人生很容易

□［日］卫藤信之　译／刘小霞

> 让时间流逝的目的只有一个：让感觉和思想稳定下来，成熟起来，摆脱一切急躁或者须臾的偶然变化。

我曾经担任某企业的集会讲师，听讲的都是业务员中的精英，邻座的女士便是首屈一指的业务骨干。

坦白说，从外表来看，她是一位相当平凡的大妈，然而她是一位名副其实的"成功者"。她不仅在完成自己分内的工作时尽职尽责、严谨认真，还常常照顾同事和下属，热心帮助他们。同事们因此都很信赖她，也非常尊敬她。但她没有骄傲自大，始终保持着谦逊有礼的品格。

在一次聊天中，我从她口中听到一段极富深意的话。当时，她的脸上挂着沉稳的笑容，正在诉说自己对工作和生活的想法。

"我的母亲常常对我们说：'一年中只要有三天发生好事，那就是很棒的一年了！'我小时候生活很艰苦，每天都是粗茶淡饭，穿得也很不好，但受母亲的影响，我并没有觉得不公平。正如我母亲所说，上天不会刻意偏袒谁，也不会特别眷顾谁。没有谁的人生是容易的。每个人来到这个世上，就算没有遇到和我一样的困境，也一定会遇到其他我所没遇到的困境，即使那些看上去一帆风顺的富人，也有着他人难以想象的烦恼。"

"因此，一年中只要有三天发生了好事，我就觉得自己真是太幸运了，剩下的三百六十二天就算过得再辛苦，也不会计较了。""能像这样和大家聊天畅想、品尝美食，我觉得非常幸福，甚至有点儿愧对母亲的教诲呢！"

我感动得几乎无言以对。眼前这位优秀的女性和她的母亲对幸与不幸有着独特的见解，看似简单朴素，却又深刻得令人动容。

究竟什么是幸福？怎样才能获得幸福？近几十年来，这已然成了心理学家、社会学家以及经济学家热衷的课题。然而至今没有人能给出准确的答案，唯一确定的是，幸福不是从天而降的，它源自我们的内在，是我们内心的创造，是"我"的产物。

换句话说，幸福是一种主观感受，这就是为什么在相同的客观条件下，有人活得快乐肆意，有人却终日自怨自艾。

其实，没有谁的人生比谁更艰辛，也没有谁的成长比谁更容易。有阳光的地方，就一定有阴影。那些住着别墅、开着豪车、挥金如土的人，走到哪里都是那么光鲜亮丽，然而夜深人静时，陪伴他们的或许是鲜为人知的孤独与苦涩。从这一点来看，上天是公平的。

弱小而平凡的我们，也许无力改变自己所处的环境，但至少可以拥有一颗积极乐观的心。只有把暂时的困难当作生活的磨炼，才能坦然接受现实，并从最平凡的事物中感受上天的赠予，感恩他人的善意。而当一个人懂得知足与感恩，幸福必将敲门。

那位女士是幸运的，她有一位智慧的母亲，在她幼小的心灵中播下了知足与感恩的种子。这世上，比她地位更高、赚钱更多、成就更大的人大有人在，但未必会比她更幸福。她的智慧在于从不足中感受满足，追求幸福时不迷失方向，在看似平淡的事物中寻找喜悦。

偷懒的美食

□蔡要要

所有的美好，不敌我第一次遇见你。所有的美味，不敌我第一次品尝你。

我特别迷恋锅类的食物，觉得不用想破头考虑是煎是炸是烩是烤，只需要想想自己爱吃的蔬菜肉食，摆满一桌子，就能开心地吃起来。

高中去艺考的时候住在大学街附近，食物不仅便宜，而且分量足，充分地满足了我们年轻又旺盛的胃口。我特别爱去一对小夫妻开的锅仔店，点一个牛肉火锅才十八元，加一份青菜一份豆皮。小小的吊锅在酒精炉的火苗里微微晃动，红红的牛肉汤汁在不急不缓地悠悠咕嘟，青菜和豆皮吸饱了精华，总是被争抢。我和朋友在寒风凛冽又潮湿的长沙，吃得脸红扑扑的，再一起慢悠悠地走回住宿的地方。

我的大学是在重庆读的，火锅之城名不虚传。重庆人能把一切你想象不到的食材都拿来烫火锅。我吃过最叹为观止的东西是猪牙梗，也就是猪的牙床，烫得蜷缩起来，蘸一下油碟，飞快地咬一口，马上能忘掉这个食物是有多诡异，并暗自决定以后都要点。重庆火锅最合适的人数是三四个人，一个寝室的朋友周末一起去改善我们被食堂折磨了一周的胃。毛肚要七上八下，鸭肠要脆而不干，黄瓜皮和豌豆尖要一涮即捞，而土豆和猪脑则必须留到最后，不然一定会被指责不懂吃火锅。

去广东吃潮汕锅，刚开始不喜欢，觉得寡淡。后来又迷恋上了，久不吃还想念着那一份鲜甜。手打牛丸煮得一颗颗胖胖的，拥挤地漂浮在锅面上，看着白而无味的汤底其实饱含了精华。牛丸涵纳了汤汁，在嘴里轻轻一咬，汁水四溢的同时又充满了Q弹的嚼劲，那一刻真的好想大喊一声"太好吃了！"

在北方就一定要涮羊肉了。黄铜老锅，用炭火。燕京啤酒叫一箱。食材不必丰富，羊肉几大盘，大白菜、冻豆腐、千层肚，三五样足够。重点还是羊肉，一定得先涮，这样汤底立马变得馥郁起来。烫得嫩嫩的羊肉在麻酱韭菜花的蘸料里滚上一滚，真的是停不下筷子。大白菜则是另一种自由的灵魂。吃多了肉片有点儿腻的时候，把大白菜煮得软糯，不用蘸酱，慢慢地撕咬开，舌尖就会感受到北方的大白菜自有的一股甘甜。

酸菜鱼火锅则又不同，似乎没有人不爱它。花椒、辣椒、酸菜煮在一起，爆发出最强烈的小宇宙。鱼片一定是最先吃的，白嫩的鱼肉滚得恰到好处，融合了酸菜的味道，一点儿腥味也没有。吃完鱼肉就开始捞配菜，莴笋、木耳、魔芋丝，每一样都是酸菜的好朋友。莴笋要煮软木耳最爽口而魔芋丝最入味。一大桌人围坐在一起，吃得同样的烈焰红唇，相视一笑，有种同为吃货的自豪。

菌菇也是锅类的好食材。在昆明吃过一次珍菌火锅，惊为天人。牛肝菌、竹荪蛋、新鲜松茸，还有各种叫不出名字的菌类。极大地满足了唇齿和虚荣心，感觉自己品尝的可不是世间寻常食材，而是集天地精华的珍馐。菌子吃进肠胃也极其舒服，只觉得又爽滑又补身子。最后服务员端来几小碗干捞米线，用菌汤一浇，撒一点儿碧绿的葱花，趁着热乎吃下去，顿时就连话也不会说了。

自己在家请朋友吃饭无疑做个火锅是最方便的。从超市开始，就已经是一场美食之旅。肥牛片、脆皮肠、金针菇、茼蒿菜、青笋装满购物袋，满满地拎回家。打开电磁炉，烧一壶开水，现卖的火锅底料虽然味道欠缺，以诚意补够：丢一根猪大骨，拍几片老姜，若是朋友都嗜辣就再丢一把干辣椒。用香菇肉酱配上花生酱做蘸料，倒一点点醋。一边吃一边八卦，把所有能喝的酒都喝光，这场火锅几乎能吃个四五个小时。最后也不知道是醉了还是吃累了，懒懒地瘫坐在椅子上，有一搭没一搭地再说些闲话，把锅里的残留食物慢慢地吃光。

而最懒人的锅类食物则是我妈妈发明的所谓乱炖锅。我妈如果前一晚煮了大肉菜，就第二天把电火锅支上，把剩菜倒进去，满上水，洗一点儿空心菜，切一块老豆腐，再丢几块土豆进去，有肉有菜地煮一大锅，充分地把主妇的智慧发挥到极致。

一口锅，就够了，不是吗？

你不喜欢的每一天，不是你的

□宁　远

> 每天你都有机会提高。每一次跑步，你能尝试跑得更好。不仅仅是成为一个更好的跑者，而是在一次一次的奔跑中成为一个更优秀的人。

身高一米六五，体重要维持在四十九公斤到五十二公斤，这是我给自己定下的任务。身为自己服装品牌的模特，能穿进中号衣服是必须的，无论是试穿样衣还是拍新品图片，这些数字所代表的身体都不胖不瘦刚刚好。

不是非要做模特，只是我自己做的衣服如果我自己都不穿，如果我自己的身体都不与它发生关系，那这件衣服在我这里是不成立的。还有，一件好衣服应该经得起普通人的检验，衣服的美，不只属于舞台上那些貌美如花的模特。

不需要很瘦，但需要拥有控制自己身体的能力，在"适当"的原则下管理身体，寻找分寸。分寸的掌握需要慢慢习得，每个人是不一样的。

除了分寸，我特别想强调的是：享受每一个时刻自己的样子，与身体和解。"我现在这个样子是好的，我还会变得更好"，而不是"我讨厌现在的身体，我要改变"。前者和后者有本质区别。

在健身房看见太多把身体当作仇人一样的人，她们面无表情，双眼漠然，每一个动作都狠狠的，潜台词正如很多广告语那样：甩掉脂肪，重新做人。这样的人没有把运动的当下当享受，她不爱她那一时刻的自己，她只是带着任务和目的来到健身房。我的意思是，即使你超过标准体重二十五公斤，你也应该做一个轻盈的胖子，热爱你自己，热爱你和这个身体相处的每一天。

相比"狠狠"地运动，节制地面对食物可能更重要。不要傻傻地以为微博上那些喜欢晒美食的明星都爱吃，她们一定吃得很少，才有时间和心情拍照并且PS（图像处理）。吃货们只会大快朵颐之后抬起头一边擦嘴一边感叹："哦呵，忘记拍照晒图了。"

当然，节制地面对食物，首要目的不是更瘦更美，是为了更好，这个好比美更美。请记住这句话：我们吃进去的食物，三分之二都供养了医生。

这是一个物质太饱精神很瘦的世界，物质的饱足感带来的是迟钝和麻木。吃多了就会有"脑满肠肥"的感觉。节制地面对食物，减肥是次要收获，最重要的是精神状态，保持适当的饥饿感，人对周遭的感觉会更敏锐，更清明。过有节制的生活能带来节制的乐趣。食物不再只是为了满足欲望，而是类似美感的东西。

我曾经试过连续几天不吃主食，只喝水和吃少量水果。几天之后的一次进食，每一样食物都能呈现它本来的味道，我确定我那个时候是在真正地享用美食，而不是"吃得很饱"。断食没有任何坏处，如果有需要，可以每个月愉快地做一次。

其实说到底，就是这句话：要用掌控人生的野心来掌控身体。突然想起以前做老师的时候，班里有个同学告诉我："我不想起床上课，但坚持来了，上完课心情就特别好，觉得没有辜负这一天。下课我就是去打游戏也会很投入，很开心的。但假如我待在寝室睡觉打游戏，我一整天都不会快乐的，尤其在夜晚，会空虚、无聊、讨厌自己。"

是这样的，投入地工作，才能投入地休息和玩耍。管理身体也一样，做一个让自己喜欢的自己，睡觉前可以对自己说：今天，我对自己满意。

要记得：你不喜欢的每一天，不是你的。 🍃

语句的保质期

□闫 晗

世界上所有的东西都是有保质期的，语言也是。每段时间层出不穷的流行语不断提醒着我们：如果不改变，就要被淘汰。

印象中作文选上写妈妈的作文，妈妈的形象都是勤俭持家、任劳任怨，仿佛天底下的妈妈都是一个模子刻出来的，可如今网上出现的小学生作文里，妈妈们已经具有了新的特色："她的爱好是买衣服和化妆""老喊着要减肥，可一直瘦不下来，因为她还是吃得太多""睡前都会一边玩手机一边贴面膜"……果然时代不同了。

以前老人家看到小朋友没话找话，都会说："我是看着你长大的，还帮你换过尿布。"以后我们老了，看到小朋友长大了可能会说："我是帮你投票投到大的，还帮你拉过票呢。"

语句是有保质期的，修辞也要与时俱进。猛然想起我从小经常在书中见到的比喻是"弯弯的月亮像镰刀"，现在应该被淘汰了吧，因为城里的大多数孩子根本没机会见到镰刀，谁都不会拿不熟悉的事物来打比方，说弯弯的月亮像香蕉倒是可以。

《红楼梦》第十六回里，贾蔷要下姑苏聘请教习，采买女孩子、置办乐器等，贾琏觉得他经验不足，王熙凤说，孩子们已长这么大了，"没吃过猪肉，也看见过猪跑"。可在现代化的城市里没吃过猪肉的不多，没见过猪跑的人却很多，"五谷不分"的人未必"四体不勤"，能分得清各种谷物的，称得上博物学家了。"你也不撒泡尿照照自己的脸"这种挑衅的话带着浓厚的农业社会色彩，估计后工业时代的年轻人只会说："你也不打开手机前置摄像头看看自己长什么样？"

学生写作文，靠抄老文章，也跟不上潮流。一个高三男生作文里写他在游戏里认识的朋友在汶川地震遇难，句子很戳人，"他在游戏里复活了我多少次，我却不能在现实中复活他"。为什么写得好？因为联系到了自己的生活，连游戏的功能都展现了特定的时代印记。

修辞要用到生活中最常见的事物，才有共鸣，比如智能手机。复旦大学的严锋老师在微博上说，现在形容工作很累，可以说：他累到连手机也不想看了；还可以说：他身体虚弱到连手机也举不动了，他已经进入无欲无求的境界，连手机都不想换了。

有些用词会泄露一些秘密，最近网上流传着一些孩子写的诗，很多人惊为天人，但也有人根据用词分析出，某些诗应该是大人写的，比如五岁的孩子不会说"伤心事"这样的词，儿童诗里不会有"辞掉工作"这种属于成年人的忧患。

中学时英语课本上有著名的对话：How are you?（你好吗？）Fine,thank you.And you?（我很好，谢谢，你呢？）当初学的时候以为天经地义，可接触英语国家的人，才发现并没有人这样说话。就像现在的中国人见了面，也不再会问"你吃饭了吗"，跟不上时代的汉语课本里才会这么写。

过了时的对话听起来非常隔膜，像是一种假模假样的表演，若上了《演员的诞生》，一定会让观众微微一笑，很尴尬。

人生就是不断抵押的过程

□ ［美］洛克菲勒

> 做成大事的人，往往做小事也认真，而做小事不认真的人，往往也做不成大事。由此，我得出一个结论，认真本身就是一种素质。

亲爱的约翰：

我能够理解，为什么你用借我的钱去股市闯荡总让你感觉有些不安。因为你想赢，却又怕在那个冒险的世界里输，而输掉的钱不是你的，是借来的，还得支付利息。

这种输不起的感受，在我创业之初，乃至较有成就之后，似乎一直都在统治着我，以致每次借款前，我都会在谨慎与冒险之间徘徊，苦苦挣扎，甚至夜不能寐，躺在床上就开始算计如何偿还欠款。

常有人说，冒险的人经常失败。但白痴又何尝不是如此？在我恐惧失败过后，我总能打起精神，决定再次去借钱。事实上，为了进步我没有其他道路可寻，我不得不去银行贷款。

儿子，呈现在我们眼前的，经常是巧妙化解棘手问题的大好良机。借钱不是件坏事，它不会让你破产，只要你不把它看成像救生圈一样，只在危急的时候使用，而把它看成是一种有力的工具，你就可以用它来开创机会。否则，你就会掉入恐惧失败的泥潭，让恐惧束缚住你本可大展宏图的双臂，而终无大成。

我所熟知或认识的富翁中间，只靠自己一点一滴、日积月累挣钱发达的人少之又少，更多的人是因借钱而发财，这其中的道理并不深奥，一块钱的买卖远远比不上一百块钱的买卖赚得多。

儿子，人生就是不断抵押的过程，为前途我们抵押青春，为幸福我们抵押生命。因为如果你不敢逼近底线，你就输了。为成功我们抵押冒险不值得吗？

　　谈到抵押，我想告诉你，在我从银行家手里接过巨款时，我抵押出去的不光是我的企业，还有我的诚实。我视合同、契约为神圣的东西，我严格遵守合同，从不拖欠债务。我对投资人、银行家、客户，包括竞争对手，从不忘以诚相待，在同他们讨论问题时我都坚持讲真话，从不捏造或含糊其词，我坚信谎言在阳光下就会显形。

　　付出诚实的回报是巨大的，在我没有走出科利佛兰前，那些了解我品行的银行家，曾一次次把我从难以摆脱的危机中拯救出来。

　　我清楚地记得，有一天，我的一个炼油厂突然失火，损失惨重。由于保险公司迟迟不能赔付保险金，而我又急需一笔钱重建瓦砾中的企业，我只得向银行追加贷款。现在一想起那天银行贷款的情景就让我激动不已。本来在那些缺乏远见的银行家眼里，炼油业早已是高风险行业，向这个行业提供资金不亚于是在赌博，再加上我的炼油厂刚刚被付之一炬，所以有些银行董事对我追加贷款犹豫不决，不肯立即放贷。

　　就在这时，他们中的一个善良的人，斯蒂尔曼先生，让一名职员提来他自己的保险箱，向着其他几位董事大手一挥说："听我说，先生们，洛克菲勒先生和他的合伙人都是非常优秀的年轻人。如果他们想借更多的钱，我恳请诸位要毫不犹豫地借给他们。如果你希望更保险一些，这里就有，想拿多少就拿多少。"我用诚实征服了银行家。

　　儿子，诚实是一种方法，一种策略。因为我支付诚实，所以我赢得了银行家乃至更多人的信任，也因为它渡过一道道难关，快速踏上了成功之路。

　　你的未来可能是管理企业，你需要知道，经营企业的目的是要赚钱。扩大企业能够赚钱，但是把企业拿出去抵押也是管理和运用金钱的重要事项。如果你只注重一种功能，而忽视另一种功能，就会招致失败；在最糟糕的情形下，可能会造成财务崩溃，在较好的情形下，也许会错失很多机会。

　　儿子，你正朝着赢得一场伟大人生的位置前进，这是你一直以来的目标，你需要勇敢，再勇敢。

爱你的父亲

不要与趋势为敌 □彭小玲

　　真正强大的人，不会轻易鄙视和轻慢他人，鄙视和轻慢都是暴戾之气，是对主流的取悦。真正的强大是自由，既不需要集体给你安全感，也不怕孑然独立。

　　前阵子我晚上打的回家，司机师傅告诉我说："你知道吗？前几年的时候，我是我们车队里最能拉客的，一是我不怕辛苦，我愿意跑夜班；二是我眼睛很尖，我比其他司机更能看得出路边潜在客户的需求；还有就是我经常溜达在市中心写字楼附近，尤其是IT行业的上班圈，这些地方的人加完班大部分有报销，所以也会舍得打车。那个时候一个月的收入都能够有上万啊，其他师傅都一个劲送烟跟我请教窍门……"

　　他的语气里，满是这份职业带给他的骄傲跟成就感。

　　可是说完这一段之后，他的语气一转，接着唉声叹气："可是这两年啊，生意是越来越不好做了。"

　　我回复说："也是，这一行做的人越来越多，竞争压力也大了。"

　　"可不是吗？现在年轻人都用叫车软件，下班高峰期我去写字楼转一圈下来，清一色都是在等车的人，可是他们就是不打车，因为他们已经叫好私家车了，你说这一下我们还做什么生意呢？"

　　我于是建议说："那您也可以在叫车软件上注册啊。"

　　没想到我这么一说完，司机师傅的脸色突然变得很难看，他有些在压抑自己激动的情绪，但是还是很大声地说一句："为什么啊？我为什么要去那些APP（应用软件）上注册司机？那不就说明我们这些传统司机要向新技术妥协了吗？"

　　他继续抱怨："姑娘你说凭什么呢？以前马路上就是我们这些的士的天下，

为什么我要沦落到跟私家车，就是那些以前的黑车司机抢生意呢？"

我补充了一句："可是……可是如果你在APP上注册了，这样线上线下两边你都守，那样你接到单的概率不就更大了吗？"

他反驳得更大声了："我不要跟他们妥协，我要捍卫我这份职业的尊严。我以前那样的方式给我带来了多高的收入，我为什么要去迎合别人呢？"

这一番下来，我问了一句："那您现在每个月的收入能有多少呢？"

"三千多，再怎么拼命都不到四千了。"

"家里孩子住校了，也不用我接送上学，我有了更多往外跑的时间，按道理我这么比以前还辛苦地付出，应该收入更多才是啊！可是为什么会变成这样了呢？我老婆没有工作在家，小孩过两年就上大学了，你都不知道我这压力跟操心啊……"我终于不想再回应他的话语，甚至连安慰的话也不想说了。

我把这件小事告诉我的朋友，他评论了一句："虽然我这么说有些残忍，可是这个司机师傅，他的穷是他作的，他混到这个地步也是有些咎由自取了。"

他明明可以去叫车软件上注册一下的，这是一个可预见给自己增加收入的小举动，只是他不愿意去做而已。

他因为过去的那套方法的确给自己带来了不错的收入，所以一直相信自己是对的，但是要知道一切都是在变化中的。

他为了所谓的的士行业这片江山、这份成就感，于是就要捍卫所谓的尊严，不愿意屈服，可是比起自己的小家庭里的经济压力重重，这份责任感是不是更重要一些呢？

我听一个前辈跟我说过一个观点，永远不要与趋势为敌，更不要去对抗它。

也就是说，虽然我们都会怀念那个车马都很慢的时代，我们也都会怀念那个很少娱乐选择的时代，我们更会怀念那个笔墨纸砚香的时代（当然我现在也很佩服写得一手很好的毛笔字的人），但是我们不能因为这一切值得怀念，于是告诉自己说我不坐高铁，我不坐飞机，我不看互动电视，不用网络，甚至要抵触电子书的存在。

每一种新的生活方式，每一种技术革命的更新，都是因为这个时代发展的需要，以及我们基于想要更好的生活体验的需要。

因为我要守卫乌托邦，所以我更要成为入世的强者才是啊！

鸟声中醒来

□傅　菲

你有久没有仔细听过鸟叫声了？如果有机会，不如走进大自然，聆听那些细微的声音。我想，这些声音，能让你我的内心平静下来。

三两只鸟儿在叫，天露出光。叫得冷清，婉转。不知道是什么鸟在叫，也不知道鸟儿叫什么。细细听鸟声，似乎很亲切，像是说："天亮了，看见光了，快来看吧。"露台湿湿，沾满露水。路对面的枣树婆娑，枝丫伸到了露台上。青绿的枣叶密密，枣花白细细地缀在枝节上。枣树旁边的枇杷树，满树的枇杷，橙黄。几只鸟儿在枇杷树上跳来跳去。

房子在山边。山上长满了灌木、杉木和芒草。路在山下弯来弯去，绕山垄。乌桕树在房子右边，高大壮硕，树冠如盖。冠盖有一半，盖在小溪上。小溪侧边是一块田。田多年无人耕种，长了很多酸模、车前草、一年蓬和狗尾巴草。田里有积水，成了烂水田。这里是青蛙和泥鳅的乐园。

鸟叫声，越来越多，越来越喧闹。有好几类鸟在叫。有的鸟儿离开树，飞到窗台上，飞到围墙上的花盆上，飞到晾衣杆上。光从天上漏下来，稀稀薄薄。空气湿润，在栏杆在竹杈在树丫在尼龙绳上，不断地凝结成露水。露水圆润，挂在附着物上，慢慢变大变圆，滴在地上。露珠润物，也润心。看见露珠，人便安静下来，便觉得人世间，没什么事值得自己烦躁，也更加尊重自己的肉身。露是即将凋谢的水之花。它的凋零似乎在说：浮尘人世，各自珍重。

每天早上，我听到鸟声，便起床，也不看几点。时钟失去意义，我没有日期的概念，也不知道星期几，也不关心星期几，也不问几点钟。我所关心的日期，是节气。节气是一年轮转的驿站：马匹要安顿，码头上的船要出发。其实，早起，我也无事可做。即使无事可做，坐在露台上，或在小路上走走，人都舒爽。清晨的鸟叫声，成了我的闹钟，急切地催促我起床。

路上，陆陆续续有人，光线有了润红。墙上多了红晕和人影。人影斜长，淡黑，在移动。地上也有了影子，树的影子、草的影子、狗的影子、鸭子的影子，我去菜地摘四季豆、青辣椒；做早餐下粥菜。粥是红薯小米粥，我常吃不厌。

有开着挖掘机的人来了，绕进山里。据说有人在山垄里，种铁皮石斛和灵芝。我去了几次山垄，没看到人。山垄不大，遍地是茂盛的苦竹和矮灌木，鸟特别多。有人在山垄里架起网，网鸟。相思鸟、苇莺、黄腹蓝鹟，都被网到过。我也不知道是谁架的网，我看见一次，把网推倒一次，把竹竿扔进灌木林里。

其实，我是一个喜欢赖床的人。但每次听到鸟叫声，我会立即起床。不起床，似乎就辜负了鸟声。鸟声是我生活中唯一的音乐。我不能辜负，也不可以辜负。

每一个早晨，我都觉得无比美好。山还是那座山，乌桕树还是那棵乌桕树，但每天早晨看它们，都不一样。每天遇见的露水也不一样。在露水里，我们会和美好的事物相逢，即使是短暂的。

在山中生活之后，我慢慢放下了很多东西，其实，人世间也没那么多东西需要去追逐。很多美好的东西，也无须去追逐，比如明月和鸟声。风吹风的，雪落雪的，花开花的，叶黄叶的，水流水的。人最终需要返璞归真，赤脚着地，雨湿脸庞。

长大就好了

□幸　生

有时候想想，人生真的好短，三分之一的时间是用来体验生活，最后三分之一的时间是用来体会一生。

有次看知乎，有个问题是："在三个小孩中排行老二是怎样一种感受？"

有一个人回答说："同是老二，我姐比我大三岁，弟弟比我小两岁，去年春节回家，有次闲聊，说到小时候的趣事，爸爸说起跟我妈东躲西藏生我弟，中间有次回家，我抱着他的腿大哭着不让他走，说我姐很懂事，不吵不闹，我却整天就只知道哭，却没想到我当时也只是一个还不满两岁的无助孩子。你问我做老二是一种怎样的感觉，我想大概就是，弟弟现在20多岁在父母心中依然是个孩子，而我，在两岁的时候就该是一个成熟懂事的大人。"

这也就是我的回答。

暑假的时候，寝室长问我："幸生，你怎么不回家，你不想你妈吗？"

我装出一副不在乎的样子说："好女孩走四方，我在外面更快乐。"而深夜之中，我无数次想到妈妈，我也知道回一次家并不困难，只是，我觉得见到的妈妈跟心中的妈妈似乎总不是一个样子。

我心中的妈妈，不论我优秀不优秀，与生俱来就爱我。

听人家说，在弟弟出生之前，有一个教师家庭没有女儿，曾经想收养我。有时我会忍不住幻想，如果是那样，那么我的人生也许是另一番面貌。

所幸春节的假期并不长。

离开家的时候，我生病了，但依然坚持要走。爸爸执意要把我送到市里的汽车站，他年纪大了，腰有些佝偻，腿脚也不灵便。在安检处，看到他吃力地将行李箱放上传送带，我积郁了一个假期的情绪终于爆发，忍不住问："小时候，其实你们是想过把我送人的吧？"

爸爸的神情有那么一瞬间的错愕，张了张嘴却什么也没说。

转头进候车室的那一刻，我泪如雨下，还真狼狈呀。

那天晚上，在梦中，我看到一个小女孩站在一扇红色的大门外，掩面大哭，周围的人进进出出，但没有人停下来问："你为什么难过？"我走过去摸摸她的头，跟她说："快快长大吧，长大就好了。"

小女孩放下手来，那是童年的我。

一瓶伏特加

□ 程桂东

> 一瓶伏特加，可以是用来放松，也可以用来拯救一条
> 生命。当那瓶深埋地下的伏特加流淌进大象的身体中时，
> 才是它发挥最大价值的时刻。

西伯利亚茫茫丛林里有个小村庄，村里有个小姑娘叫安娜。这天放学路上，安娜居然在冰天雪地的丛林里发现了一头大象。她记得老师说过，大象是生活在热带的动物，西伯利亚怎么也有大象？

大象后面还跟着几个人，安娜上去一问，一个小胡子先生说，他们是蓝天马戏团的，在西伯利亚地区进行巡回演出，今天要到库沃兹城去，没想到运载大象的拖车发生故障，无法继续行驶，大象只能站在冰天雪地里，等候救援车辆的到来。这可是西伯利亚呀，现在零下四十多摄氏度的天气，来自热带的大象能受得了？安娜暗暗祈祷救援车辆快点到来。

安娜回了家，生旺火炉，过了一会儿，突然听到有人敲门。安娜开门后，发现是刚才那位小胡子先生。小胡子先生焦急地告诉安娜，由于遭遇暴风雪，从库沃兹城出发的大型拖车受阻，要明天早上才能到，现在他们准备冒险带大象抄近路穿越丛林，到库沃兹城去。小胡子说："这段路大概要耗时三个小时，所以我们需要酒来给大象增加热量。小姑娘，你家有伏特加吗？大象真的需要你的帮助……"

安娜当即找了起来，可是家里一瓶酒也没有。安娜的爸爸是个伐木工，一周前进了丛林伐木，为了御寒，他把家里所有的伏特加都带进了山。安娜失望地对小胡子先生说："我家没有酒，要不我带你到隔壁彼得家看看。"

彼得是个比安娜大五岁的少年，安娜带着小胡子先生去了彼得家，然而让他们失望的是，彼得的爸爸也是个伐木工，他也带走了家里所有的伏特加。

小胡子先生急得直搓手，提出到别人家借酒，安娜和彼得告诉他，整个村子

现在就剩下他们两家，其他人家都已经搬到了温暖的索契过冬。现在最近的能买到伏特加的地方，就是几十公里外的库沃兹城。

"这可怎么办？现在我们只能留在这里等候救援，想办法生火给大象取暖，但室外这么低的温度，大象能不能扛过去呢？"小胡子先生眼眶湿润了，他抹了把泪水，转身急匆匆地走了。

安娜和彼得透过窗户，只见等在外面的大象全身落满雪花，正焦躁不安地甩着长鼻子走来走去。他们的心情不由得沉重起来，难道就没有办法帮帮可怜的大象吗？

突然，彼得想起了什么，他伸手一扯安娜的衣袖，说道："走，我们去找酒！"

安娜问彼得哪有酒，彼得不说话，只是伸手往窗外一指。顺着彼得手指的方向，安娜的脸色一下变了。彼得手指的方向是村子后方的小山包，小山包上并没有人家，只有一座坟墓！

安娜跳了起来："这可不行！我们不能拿走安德烈叔叔的酒！"

墓主人叫安德烈，在他的墓碑下，确确实实埋有一瓶上好的伏特加。八年前的冬天，安娜的爸爸伯恩和安德烈结伴深入雪原打猎，不料遭遇暴风雪，他们在茫茫雪原里迷路了，走了很多天也没能走出来，食物吃完了，剩下的只有安德烈带的一瓶伏特加。更糟糕的是，他们还遇到西伯利亚虎的袭击，逃跑的过程中，安德烈的一条腿摔断了。

安德烈让伯恩一个人回去，带上那瓶伏特加离开，但伯恩却不忍心丢下安德烈。留在丛林里只有死路一条，为了让伯恩活下去，安德烈趁他不注意，开枪自杀了。伯恩含泪把安德烈的尸体藏在一个树洞里，并做好记号，然后带着那瓶伏特加上了路。那瓶伏特加支撑着伯恩走出雪原，平安回到村里。后来伯恩带人重返雪原，找到安德烈的尸体，带回小山包安葬。为了报答安德烈的救命之恩，伯恩买回最好的伏特加，把从丛林带回来的伏特加瓶子灌满，永远埋在安德烈的墓碑下……

安娜一个劲儿地摇着头，说："彼得，我们不能拿走安德烈叔叔的伏特加。我爸爸说了，安德烈叔叔是个有情有义的男子汉，这瓶伏特加是只属于安德烈叔叔的……"

"正是因为安德烈叔叔是个有情有义的人，所以他一定会同意我们拿走这瓶伏特加的，因为我们是拿这瓶酒去挽救一头大象的性命……"彼得看了眼窗外，说，"安娜，留给大象的时间不多了，风雪越来越大了！"

彼得焦急地看着安娜，安娜沉默良久，终于点了点头。两人找了把铁锹，匆匆出了门。他们来到小山包，把那瓶伏特加挖了出来。

安娜和彼得把伏特加拿到小胡子先生面前，小胡子先生的眼睛一下子亮了："你们找到酒了？这太好了，谢谢你们！"小胡子先生立马烧了热水，再把伏特加倒进热水里，端去给大象喝。

大象喝完掺着伏特加的热水，舒服地打着响鼻，过了不多会儿，更是兴奋得直叫唤。小胡子先生伸手在大象的耳根摸了摸，高兴地说："大象的耳根有了汗水，酒起作用了！我们抓紧时间，马上上路！"小胡子先生挥手告别安娜和彼得，和马戏团的其他人一起赶着大象，走进丛林。

看着大象庞大的身躯消失在丛林中，安娜和彼得又是高兴又是担忧，他们不断祈祷，让大象能够顺利穿越丛林，到达库沃兹城，得到救援……

夜深了，安娜睡下了，突然一阵急促的敲门声把她吵醒了，她起身开门一看，安娜愣住了，居然是爸爸伯恩。灯光下，伯恩头上有伤，脸上也有血迹，安娜又惊又怕，忙找纱布要帮爸爸包扎。伯恩却急着让安娜马上跟他出门一趟。安娜奇怪了：都这么晚了，天气又这么冷，爸爸要带自己去哪儿？

安娜拿着手电筒，忐忑地跟着父亲出了门，临出门的时候父亲还拿了把铁锹。父亲带着安娜径自朝村后的小山包走去，最后来到了安德烈的墓前。

父亲借着手电筒的亮光，用铁锹刨开墓碑下的积雪，然后挖起土来。安娜在惊疑中用颤抖的声音问道："爸爸，您干什么？"

伯恩停下手，说："我和彼得的爸爸今晚在丛林里遇上几个马戏团的人，他们还赶着一头大象。他们说经过村子时，有两个孩子给了他们一瓶伏特加……村里的伏特加我和彼得的爸爸全都带走了，我是想证实一下，你们给的那瓶伏特加是不是安德烈叔叔的。"

安娜"扑通"一声跪下，说："爸爸，我错了。安德烈叔叔的伏特加是我和彼得挖了，我知道这瓶伏特加很珍贵，但是如果没有伏特加的帮助，大象就会没命……"

伯恩沉默半晌，说："酒瓶呢？"

安娜说："彼得藏起来了，他说等天气好转了，就到库沃兹城买伏特加，重新把酒瓶灌满埋回墓碑下，还给安德烈叔叔。彼得说，只要那酒瓶还在，酒瓶里所装的情和义就永远丢不了……"

伯恩一下子举起了手，安娜惊恐地闭上眼睛，不过，预想的耳光没有落下来，伯恩摩挲着安娜的脑袋，说："其实爸爸是想证实喂给大象喝的伏特加是不是安德烈叔叔的，并不是想证明你们做了错事，而是想证实，身在天国的安德烈是不是又一次救了我的性命，当然，还有彼得爸爸的性命。"

伯恩顿了顿，接着说："暴风雪压塌了我们所住的木头房子，厚厚的积雪和沉重的木头把我和彼得的爸爸压得死死的。幸亏我们等到了救援者——马戏团的人发现了我们，他们刨开积雪，指挥大象搬开木头，把我们救了出来。你们要是没挖出那瓶伏特加给大象喝……后果不堪设想。安娜，救了我们性命的，不仅是你身在天国的安德烈叔叔，还有你和彼得的善良呀……"

强项大于优势

□［韩］全美玉　译／王瑞琢

> 你只有先做，先迈出一步，才能看得见更大的江河，才知道下一步要怎么走。做了再说，是年轻人的大智慧。

"我虽然不擅长做菜，但是，我做菜的时候最开心、最幸福。"这是我的优势，还是强项呢？这是强项。

擅长做菜是"优势"，享受做菜这件事才是"强项"。优势也好，强项也好，都要跟"才能"交朋友，但是，培养强项更有胜算。因为，没有比能使自己愉悦的事和自己喜欢做的事更有"竞争力"的了。

觉得做菜是种享受，当然就更想去学习。那么，自己一向想要去学的做菜，现在开始学也不晚，下定决心去学就行了。

也许，你最想学习撑竿跳，但因为最佳学习时间的节点已经错过，肯定是晚了，但是，学习做菜则不会。同时，将自己的极限扩大很重要：准备料理师的考试；参加各种食品展览会或者鉴定会；听著名料理师的讲座，想象着自己也能成为料理师，也能在台上讲演，然后去努力吧！如果能在学习料理的过程中不气馁并享受着，那最好不过了。

没有别人的帮助，自己也能兴奋起来，用自己的力量去启动发动机，这是多么美好的一件事啊！

身为女生，到底意味着什么

□沈奇岚

　　"女生"带来的是怎样的印象呢？也许是拼理想的强人形象，也许是拼未来的汉子特征。不管曾经我们怎么定义，今天的女生开始活出自己的味道。

　　身为女生，到底意味着什么？这个问题，很多人从来没有想过。

　　每个女生都有过迷茫时刻吧。在最需要光的时刻，一份来自遥远他方的肯定，可以让她迈出人生重要一步。

　　少女草间弥生在日本的一家图书室里，无意中发现了一本书，一本介绍美国当代艺术的书，她为之深深着迷，尤爱欧姬芙的作品。于是，她给住在新墨西哥的欧姬芙写了一封信，说："我想成为一个艺术家，我想来美国。"

　　那一年，草间弥生二十六岁，默默无闻；欧姬芙六十八岁，功成名就。欧姬芙回复说：这是个很棒的主意！她愿意帮助她。于是草间弥生奔赴纽约，投身于艺术。

　　"后来，欧姬芙给草间弥生还写过好几封美丽的信。"弗朗西斯·莫里斯说，她在英国泰特美术馆为草间弥生举办过大展，对草间弥生的艺术和人生历程如数家珍。她说，这就是女艺术家对女艺术家的精神指引。

　　论坛上的另外一个艺术家，她的叙述生动感人。她叫Lisa。

　　"我来自一个平凡普通的工人阶级家庭。我的身边没有一个人和艺术有关。我妈妈一直告诫我：不要一个人坐地铁。可有一天，我还是一个人坐地铁去了，于是无意中看到了一个展览。展览里面有凡·高的画，我被深深地震动了。"

　　"I want to be part of that world.（我想成为世界的一部分）"她对自己说。艺术影响人，有时是润物细无声，有时是决定性瞬间的顿悟。Lisa开始拿起画笔，开始进入绘画史的深处，进入人性的深处。每个在寻找未来的人，是否有过那个瞬间，那个告诉自己"我要成为那个世界其中的一部分"的时刻？如果找到了那个想投身其中的世界，一切都会变得容易判断，取舍成为异常简单的事情。

身为一名现代女性，不可能不经历关于性别的反思。自我认知是一场漫长的旅程，在这场展览里，我们至少可以确认：这趟旅程，我不是孤独一人。"她们"就是我们。

中国最好的艺术家之一向京说："女性是自我认知的一部分，而不是唯一的一部分。"身为女生，浪漫梦幻的世界有一天会变得现实起来，可这不是糟糕的事情。身为女生，从最初的神话开始就已经预示了我们的命运。第一个女生女娲同学创造了人。

因为从前我们身处别人为我们创造的世界里，而当有一天我们发现自己就是创造者时，就有能力去创造自己的世界。

为什么优秀的人都不喜欢待在家里

□陆 JJ

> 一个优秀的人绝对是主动的人。他们会主动做事，主动给自己找事，主动解决各种乱七八糟的事。正是这些经历，让他们成为优秀的人。

大概是两年前，我就养成了一个习惯：尽可能不在家工作。宁愿去咖啡厅、去图书馆、去大学自习室也不待在家里。

别想在家里学好，正如别想在自习室睡好

每一种环境，都有各自的属性与功能。家，即私人旅店。本就是休息的地方，不是用来工作或者学习的。躺在床上，不可能工作好。

当你试图模糊环境的边界与功能时，该环境原本可能带给你的意义与收益也会随之而减少。

比如，你走进图书馆，图书馆作为一种符号，传达给你的潜在信息是——很好，既然来到这里，就请专心地学习吧。也就是说，环境能够作用于人，给人以暗示，唤起仪式感，从而促进人类进行符合环境特性的行为。

人都是社交动物，你也不例外

"独学而无友，则孤陋而寡闻。"这是《礼记·学记》中的一句话。

一个人如果只顾自己学，而不与人交换经验与见解，便容易陷入知识狭隘、视野局限的境地。人，是注定要与人产生连接的。

家作为内部环境，始终是闭塞的、不流通的。身在外部环境的好处就是，你不得不实时与人交流。你被逼了，被逼出舒适区，被逼去与自己不熟悉的人交流，这种交流的好处是：信息共享，价值碰撞，巩固固有知识，融合外部知识。

在商务领域，曾经有这样一个讨论：当今世界，沟通成本逐渐变低。即时通信、电子邮件、视频会议已经如此发达，传统的面对面办公模式是否还有其意义？

从组织心理学的角度来看，面对面的沟通更能促进人与人之间的真正理解。因为面对面的方式，更能确保人类积极地投入。

好像在家里你会更忧郁一点儿

长期待在家里的人，其社会属性也在一点点脱落。个体一旦疏离社会群体，他的语言能力、行动力、表现力都会全线衰退。

这还只是能力上的衰退，另外还有心理上的消极影响。家里盛产孤独。此外，待在家里更容易迷茫，因为当我们与外部世界失联时，我们便成为个体意识的囚徒。我们终日一个人在家待着，越来越看不清自己和自己未来的道路。

最近还发现一件事，很多人在家不快乐，是因为晒不到阳光啊！

国外的一项研究表明，阳光对人类有积极作用，能让人摆脱疲劳，充满活力，这是因为大脑血清素的作用。

优秀的人更喜欢到处浪

没有人会讨厌宅，但是相比于没有挑战性的宅，优秀的人更喜欢冒险与挑战。为什么优秀的人更善于走出去？最基本的道理是，他们的视野更开阔，他们的信息渠道更丰富，他们的社交网络更发达。

所以我一直持一种观点：越优秀的人，对资源的占有率越高，能把握更新鲜的信息源，他们是一群站在信息高地上的人。对他们来说，"离家"已经不是一种单纯的行为，而是一种提升自我的策略。从小到大，我最明显的一点感受是，盘踞在我周围的优秀者，总是生活在别处。当你还在关心粮食和蔬菜，优秀者已经把眼光投向更远的地方。我喜欢到处走，到处玩，在外工作与学习。

当你没有离开它的能力，那里就是即将把你埋葬的温柔乡。

怎样说"不"才不得罪人 / □蔡康永

学会说"不"是一种能力，一种既能让别人心满意足，也能让自己良心可安的技能。同时，这也是一个人一生中必备的修养。

子玉不太擅长拒绝别人，要她直接说"不"很难。这种滥好人的习惯当然害惨了她，找她帮忙的人络绎不绝。更划不来的是，就算她勉强答应了别人的要求，但往往因为做得不够好，反而招来对方的嫌弃或埋怨。这种事经历过几回之后，子玉决定要学会说"不"。只是当她鼓起勇气，对别人的请求说"不"的时候，听起来有点儿粗鲁无情，这又令她心情很不好。

"子玉，我的大学同学想认识你，约我们一起吃个饭，如何呀？赏个脸吧？""呃，我不想和陌生人吃饭，不好意思。"子玉这样的回答，虽然把意思表明了，但确实会把气氛搞僵，让人觉得她是个不近人情的人。

说"不"这件事，真的很为难，如何说"不"才比较不会得罪人呢？

试试这招：说"不"的时候，尽量怪自己，把责任归到自己头上。对方在你百忙之中，还要你拿电脑去修时，不妨说："啊，你看我有多么拖沓，老板叫我早上发的报告，我现在还没打完，这回死定啦！等我先渡过这个难关再说，好吗？"

对方要拉你去和陌生人吃饭，不妨说："我和陌生人吃饭超放不开的，会很扫兴，一定会令你同学失望的，以后有机会多一点儿人再一起去唱歌好了。"

这样把破局都归咎于自己的罩不住，虽然似乎委屈了自己，但一方面对方有台阶下，另一方面，你只是多用五秒说一句话，就免去了送修电脑的奔波，免去了一场尴尬饭局，是非常划算的事。🖋

无言的训练   □夏殿棕

拒绝诱惑比诱惑本身更有危险。其实多经历几次诱惑、欺骗也是好的，至少在不断判断中，我们才会越来越清晰，越来越相信自己。

有一次，见邻居在他自家鱼塘边钓鱼，钓得一条，却见他慢慢地将鱼从鱼钩上取出，在手上把玩了几下，又扔进了鱼塘里，我好奇地问他为什么。

邻居说："我在训练鱼呢！"

"训练鱼？"我不解地问。

"训练鱼不贪钩。"邻居说。

"为什么要这样训练？"我问。

"说来话长，"邻居装好鱼饵，把钩沉入水中，"我们家挖了这个鱼塘，养了鱼之后，时不时地就有亲朋来钓鱼，然后就是亲朋的亲朋来钓鱼，真是不胜其扰，于是我想出这个法子。"

"管用吗？"我问。

"管用！现在越来越难钓了，看来鱼还是有记性的，也有一定的自制力。哈哈。"邻居笑出声来。

"鱼能抵抗住鱼饵的诱惑？"我不相信。

"你别看鱼这么简单的动物，上钩后，都拼命挣扎，显然它们知道自己被钓住了，正处于危险之中，企图挣脱，你看我慢慢将它从钩上取出，想增加它的痛苦，长它的记性，并把玩几下，叫它绝望，希望它下次在诱饵面前不再贪嘴，你看，现在来我家钓鱼的人不多了吧？"

我忽然冒出个疑问：是不是因为我们人没有受过这样的训练，而在诱惑面前总把持不住呢？是不是我们太相信说教的力量了呢？

一份拿错的时间表

□乔凯凯

这个时代，最可怕的是比你优秀的人比你更努力。永远不要觉得自己多努力、多勤奋，因为你永远不知道，在你没看见的时间表上，别人会有多拼命。

鲁伯特在牛津大学读书的时候，每逢假期，都会回到家乡澳大利亚，去父亲的公司里实习。在鲁伯特眼里，父亲是一个极其严厉的人，不仅对员工要求严格，对他也一样，甚至要求更多。

大三的那年暑假，鲁伯特刚刚在父亲公司里工作了一周，就感觉苦不堪言。"分配给我的工作量太大了，还有那么多需要注意的事项。除了午休的两个小时，整整一天我几乎都没有空闲的时间。"鲁伯特忍不住向父亲的助理抱怨，"我想，没有任何人会比我工作的时间更长了。"

也许是助理转告了鲁伯特的话，这天中午，父亲出去办事时，让鲁伯特去办公室拿一份重新安排的时间表。但是，从助理手中拿来时间表后，鲁伯特还没来得及高兴，却一下子呆住了。按照这张时间表的安排，每天早上要四点起床，简单的运动和早餐过后，就开始工作，然后一直到晚上九点才结束，有时甚至还要加班到十一二点。而整整一天，除了午饭时间可以休息半个小时，其余的时间几乎都有工作。

"这一定是搞错了！"鲁伯特大叫，"这可能是清洁工的工作时间表。不，即使是清洁工也不会如此忙碌的。这比我之前的工作时间多出了将近两倍，我简直不敢相信能有人承受得住如此密集的工作安排。"

"是的，确实弄错了，这不是给你的那一份时间表。"这时，助理匆忙从外面走进来，拿起鲁伯特面前的时间表说，"这是你父亲的工作时间表。"

"什么？我父亲的工作时间表？"鲁伯特不可置信地反问。

助理耸着肩膀回答："对呀！他一直以来都是按照这张时间表来工作的。"

就是这份拿错的时间表让鲁伯特彻底改变了自己。作为一家公司的董事长，父亲的工作量竟然如此之大，对自己竟然如此严格。而自己作为一个刚接触工作，对一切都还不太熟悉的新员工，竟然就开始抱怨了。此后，鲁伯特不仅不再抱怨，反而主动约束自己，提醒自己更努力地工作。而最后鲁伯特终于成就了一番事业，成为著名的世界报业大亨。

是的，他就是美国新闻集团的总裁鲁伯特·默多克。

"永远不要觉得自己多努力、多勤奋，因为你永远不知道，在你没看见的时间表上，别人会有多拼命。"鲁伯特·默多克不止一次这样告诉众人。

未被富养的女孩

□ 闫 红

> 女孩要富养，不一定只是物质上的富足，更是精神世界的温暖滋养。精神世界的充实不但能让一个女孩独立且笃定，也能踏实且果敢。

张幼仪和陆小曼曾共同参加一个饭局，胡适做东，张幼仪说她弄不清胡适出于什么心理把她和新婚的徐志摩陆小曼夫妇请到一个饭局上，但她觉得自己得去，去了，会显得"有志气"。她的意思大概是，让世人看看，她并不是一个落寞到不敢面对的弃妇。

饭局上，陆小曼喊徐志摩"摩""摩摩"，徐志摩喊她"曼"或者"眉"。张幼仪想起徐志摩以前对自己说话总是短促而草率，她于是最大限度地保持了沉默。

多少年后，她对侄孙女张邦梅回忆道："我没法回避我自己的感觉。我晓得，我不是个有魅力的女人，不像别的女人那样。我做人严肃，因为我是苦过来的人。"

张幼仪出生于江苏省宝山县，比林徽因大四岁，比陆小曼大三岁，这年龄相差不大的三个女孩，却有着完全不同的处境。

林徽因与陆小曼，一个生于杭州，一个生于上海，成长背景却颇为相似。林徽因的父亲林长民毕业于日本早稻田大学，他积极投入宪制运动，做过司法总长。陆小曼的父亲没那么耀眼，却也与林长民同为早稻田大学校友，他参加过同盟会，出任过国民党高官，所以林徽因与陆小曼，皆是她们父亲的掌上明珠，得到极好的教育，从小到大，皆入名校就读。

相形之下，张幼仪的幼年就惨淡得多，她祖上虽做过高官，到她父亲这代已今非昔比。

张幼仪说，她母亲有八个儿子四个女儿，但她母亲从来只告诉人家，她有八个孩子，因为只有儿子才算数，"女人就是不值钱"。

在教育这个问题上，张幼仪的父亲也与他周围的环境保持一致。张幼仪的二哥和四哥都早早出国留学，她父亲依然觉得让女孩子接受哪怕最基本的教育都是奢侈之事。

但张幼仪是要强的人，她千方百计为自己争取受教育的机会，十二三岁的时候，她在报纸上看到一所学校的招生启事，收费低廉到让她父亲不好意思拒绝。

所以张幼仪说，我是苦过来的人。她的这种苦，是她作为女孩，在家里不受重视所致。

无论是积极地帮父母做家务带妹妹，还是积极寻求受教育的机会，都是帮助自己的一种方式。应该说，她的成长非常励志，对自己不抛弃不放弃，像个社会新闻里的坚强少女。

但是坚强少女往往无法成为男人眼里有魅力的女人。尽管张幼仪长得不差，且努力追求上进，他依然视她为一个无趣的土包子。

张幼仪不明就里，一直以为是自己做得还不够，她后来为徐志摩做得确实也非常多，但这些使得徐志摩依赖她、信任她、尊敬她，而始终不能爱上她。

而他喜欢的林徽因、陆小曼，则因被爱而可爱，因可爱而更加被爱。她们的父亲对她们的宠爱，使得她们后来在男性世界里也自信、明朗、活泼、娇嗲，那是她们自童年起就形成的一种气质，这种气质甚至会形成一种催眠，让接近她们的男子感到，不爱她们，简直天理难容。

经常听人说，女孩要富养。

这种富养不只是金钱上的丰富给予，还是精神世界里的温软包裹，它不但让一个女孩经济上独立，还能让她精神上富足，让她踏实而不是局促，笃定而不是犹疑不定，让她具有弹性而不是歇斯底里。

悲哀的是，生于20世纪后期的我们和生于20世纪初的张幼仪，有着更为相似的命运，这也许是张幼仪在广大女中青年里人气更旺的原因，我们从她那张茫然无措的脸上，总能看到心酸的自己。

好在，张幼仪最终凭着坚强的意志，打下她自己的一片天地，而我们，也有机会，用自己的心力，为自己疗伤，这使得我们的路途更为艰难，但艰难，也是人生滋味的一种，使我们有惊无险地避开了一帆风顺的贫乏。

如果想要伙伴，就去制造一个敌人

□［日］松浦弥太郎

同我们角斗的对手强健了我们的筋骨，磨炼了我们的技巧，我们的对手就是我们的帮手。

"如果你想要伙伴，就去制造一个敌人。"

当我独立工作时，我父亲这么对我说。他虽然没有仔细说明，但我把他的话解释为"要清楚表明自己的意见"。虽然没有必要主动去制造敌人，但不可以因为害怕制造敌人而摆出暧昧的态度。

当然，你也得遵守礼节、社交规矩，将心比心。只要做到这几点，你就无须理会别人的看法，尽管坦率地表现自己。当有机会和某人自由对话时，我们总习惯在对方身上找寻"和自己相同的地方"。

"你喜欢那部电影吗？我也是呢。"

"假日就该出门，我也经常四处走走。"

"让身体动一动，感觉很舒服，对不对？"

不管是否有把自己的意见说出来，在对话的过程中，每个人都会在心中不自觉地对对方的发言高举"赞成"或"反对"的小旗子。虽然为彼此举起"赞成"的小旗子，是交朋友的过程中不可或缺的要素，但是，如果过程中双方都没有表明自己的意见——"我经常做××""我喜欢××"，友谊便无法成立。

听到有人说喜欢看电影，便附和地说"我也是"，就算实际上并不喜欢，也不会有所表示，只是暧昧地笑着说："是吗？原来你喜欢看电影啊。"另外，自己绝不主动表明态度，不告诉对方自己"喜欢××，不喜欢××"。

你是否也会摆出这样的态度呢？

虽然你对任何人都表示肯定，笑颜以待，但其实你并没有敞开心扉，你自然交不到朋友。

你可能会被当成"八面玲珑的人",或是"不知道葫芦里在卖什么药的人",以致朋友自然而然地开始疏远你。

你不必过度害怕表明自己的意见。毕竟仅仅是从"过红绿灯"这件事便能看出每个人的性格。有人会想"灯已经在闪了,我才不想跑着过马路",但也有人认为"脚步快一点儿,动作麻利一点儿,正好赶上才好"。只要你一息尚存,就算你一句话都不说,也会有百分之几的人对你做出"讨厌"的评价。所以,千万不可以为了减少讨厌自己的人,因此失去更多会对你说"喜欢"的人。

现在是社交网络盛行的时代,但正因如此,我更加觉得交朋友应该要走出家门。不是使用电子邮件,不是通过电话,而是直接与人见面,面带笑容地打招呼,注视着彼此的眼睛说话。直接与对方见面,才是交朋友的大原则。

交朋友的力量,也是一种生存的力量。

不畏不惧,去制造你的敌人吧。秉持着诚实的勇气,去找到你的伙伴吧。

幸福讲义

穿 S 码和穿 XL 码的世界

□陈女侠

所谓现实，就像埋在沙漠里的城市，有时候时间越久，黄沙埋得越深；还有些时候，随着时间流逝，黄沙被风刮走，城市的轮廓就会越来越清晰。

从小，老爸老妈养育我的观念就是，能吃就吃，多吃长身体。所以，从六岁开始，我的体形就开始无节制地横向发展，本来就长得很一般的我，变得更丑了。

小学的时候还好，没有人对我的身材品头论足。记忆中让我的小自尊受到伤害的事情只有一件。当时，学校有一个大合唱比赛，女生都得穿统一的裙子。二十个女生，只有我穿不下那条裙子。但是我无所谓呀，穿不下又怎样，我是主唱呀！最后还是老师拿了个别针活活扣上，差点儿没憋死我。

转眼到了初中，那时的我身高一米五，体重已经有六十公斤了，整个五官都是挤在一起的。初中又是男生女生情窦初开的年纪，男生对胖瘦两种身材的女生态度简直是天差地别。瘦的女生会有人送早餐，平时还能收到情书。我们胖女生是不可能有人对我们这样献殷勤的。当时我就对自己说，没关系，无所谓。

可是，有些嘴欠的男生总是拿身材来取笑我。具体说了些什么我已经记不得了，但是当时被讥讽甚至侮辱的感觉我永远也忘不了。

我经常会遇到上课起立的时候，凳子一下子被拿掉的事情，我又重，一屁股蹲儿坐在地上，全班就会哄堂大笑。为此，我还和男生打过架，是动真格的那种。但是他们下手也不轻，估计他们是想着："哦，你肉那么多，打你用力点儿，你也不会痛吧？"

这件事现在想起来还是超生气的。那时候没人心疼我，就连我自己都有些麻木，不心疼自己了。从此我便养成了女汉子的性格。

—104—

初三的时候，我终于胖到了人生巅峰。一米五八的个子，七十公斤的肉。中考结束后，我终于下定决心要减肥。高中的花样年华，怎么能胖着过？

整个暑假，我跑步、跳绳、骑动感单车，同时控制饮食，终于减到了六十公斤。其实这也不瘦，但是终于没那么多人说我胖了。减肥成功的体验就是，瘦下来之后，终于敢愉快地拍照了。

以前都是躲着镜头，连全家福都不想拍，现在还能偶尔装个文艺。除了老爸，终于有男生对我展现绅士风度了。减肥之后，整个人的精神状态会很不一样，很有自信，感觉自己blingbling（闪闪发光的拟声词）的。

减肥一开始对我这个吃货而言极其痛苦，但是慢慢地，我觉得就算是独自一人，这个过程也是愉悦且充实的。

我的运动方式就是跑步，每天跑五公里以上。当然，考虑到学业繁重和自身体质等原因，大家可以选择其他的运动方式，如跳操、做瑜伽等。但最最重要的就是坚持！不要因为看不到效果，就开始怀疑人生，甚至冒出"啊，我减肥干什么呀？我好饿，瘦下来有什么好的"之类的想法，然后又开始放开肚子，毫无节制地吃吃吃，一顿火锅或者烤肉马上能把你打回原形，之前的努力就都白费了。

鸡汤很多，榜样很多，但这都是别人家的孩子。"管住嘴，迈开腿"，就六个字，听着容易，做起来难。我为自己制定了一个"达成目标奖励法"，大家可以参考一下：减掉五斤，就买一副耳机；减掉十斤，就买一件新衣。这样边减肥边省下钱买自己喜欢的东西，每天都希望满满的，不是很好吗？

最后，我想对那些不懂"胖纸"痛苦的小伙伴说："真的，减肥非常不容易，请大家对'胖纸'宽容点儿好吗？又没吃你家的米，是不？"

只过百分之一的生活

□拾 遗

> 一个人成熟的标志之一，就是明白每天发生在我们身边百分之九十九的事情，对于我们和别人而言，都是毫无意义的。

余秋雨上《开讲啦》时提到一件事，有几年，他忙着寻访世界古文明遗址。快走完的时候，一家传媒老总对他说："最后一站，我来陪你吧！"

"好啊！"余秋雨答应了。

寻访古遗址，余秋雨相当于离开了社会，不能看电视，无法看报纸，他完全不知道这几年世界发生了什么，于是对传媒老总说："给我补补课吧。"

老总只花了不到十分钟，就把这几年世界发生的事情讲完了。

余秋雨问："就这些？那中国呢？"

中国这几年发生的事，老总只讲了五分钟。老总看着余秋雨失落的样子，说了一句："秋雨，绝大部分事情发生后的第二天，我就连再讲一遍的兴趣都没有了。"

余秋雨听着这句话，心里暗自庆幸："我这几年看来并没损失什么啊，专注于喜欢的事情，反倒收获了很多快乐。"

其实，真的就是如此。我们身边看似每天都汹涌着各种人事物，其实百分之九十九的信息都与我们无关，百分之九十九的人物都与我们无关，百分之九十九的事情都与我们无关。我们却把很多时间和精力耗费在了这百分之九十九与我们无关的人和事物上，而忽略了那百分之一我们最该认真对待的部分。

我一位高中同学过得非常忙碌，她非常喜欢关注别人。什么新闻，她都要插上一嘴。而且，她喜欢跟风。看到朋友买什么书了，她要跟着买；连别人囤什么货，她也要凑热闹。

她说："如果我不关心这些，会被人认为落伍。"

　　另一位报社的同事却过得很"闲"。当大家都在议论八卦时，她正坐在窗下做手工、学英语。翻看她的朋友圈，发现在任何话题面前，她都没有发表过一句看法，微信里全是她爱做的事、要做的事、已做的事。

　　她说："那些都是别人的生活，和我有什么关系呢？"

　　她是单位里公认的最会生活的人。有一次，我问她生活的秘诀。她说："很简单，与其过度关注别人，不如脚踏实地地过好自己的生活。"

　　美国埃默里大学教授马可说："一个人成熟的标志之一，就是明白每天发生在我们身边百分之九十九的事情，对于我们和别人而言，都是毫无意义的。"

　　这句话的潜台词就是——百分之九十九都是无用的，我们应把大部分时间和精力，倾注在百分之一的美好事物上。

用一年时间成为"牛人"

□李尚龙

> 每一个人都有梦想。区别仅仅在于，我们是否有力量去实现这些梦想。有些人的梦想持续了一生，而有些人的梦想，只停留在唇齿间。

一年时间能不能彻底改变一个人？许多人问过我，我也问过很多人。我觉得，答案是肯定的。

我认识一个演员，几经受挫，她决定苦练英语口语。闭关前，她问我，如果每天都学英语，坚持三个月，能不能学好？我说，不能，时间太短。

她又问，半年呢？我有些犹豫地点点头。她继续问，如果一年呢？我使劲地点点头，然后又摇摇头。她问："怎么了？"我说："一年的坚持肯定能让你的英语精进，但前提是你能坚持下去。"她笑了笑，说："你太小看我了。"

再次见到她，她的英语依旧没有提高，除了会几句简单的打招呼语句，其他还是一窍不通。

我问她为什么没坚持下来。她有些不好意思地说："一年时间太长，中途总有些事情打断我的计划。有没有短期见效的方式？"她认为的捷径，让我想起了自己在健身房跟教练的对话。我问教练："能不能快速减二十斤？"

教练说："我跟你这么分析吧，如果你想一年减二十斤，你就需要每天跑三公里；如果你想半年减二十斤，你就需要每天跑五公里；如果你想要在三个月减二十斤，你就需要每天跑五公里，然后坚持不吃晚饭；如果你想要一个月减二十斤，你一天就只能吃一顿饭，跑步必须从原来的五公里增加到十公里以上；如果你想要一天就减二十斤，只能做手术了。"

的确，坚持在时间的推动下，会有惊人的力量，这种力量能潜移默化地改变人。

所以，一年时间能不能彻底地改变一个人？答案是能，不过你需要坚持。

坚持难吗？难。

可为什么有人可以坚持下来？不是他们的意志力比你强，而是他们养成了习惯。

年初，我决定在当年读够至少五十本书，于是当天就买了二十本书，我把每天晚上十点到睡前的时间挤出来看书、做笔记。我先坚持了一周。那一周，我好几次都想打开电脑或手机跟人聊聊天，但我都忍住了。又坚持了第二个星期，十四天后，我开始养成习惯。接着，每天如果不在这个时间读书，我就觉得少了点儿什么，它成了我生活的一部分。

所以，你要不要也从今天开始决定坚持点儿什么？先定个努力就能实现的小目标，养成好习惯。一年后，当你回头再看，会有什么感触呢？

在星空里迷路　　□七　微

> 定义我们人生的，从来不是我们向生活索取了什
> 么，而是我们给予了他人什么。

意识到我们迷了路的时候，天色已经彻底暗下来。车子往前慢慢移动，小道两旁除了高高的丛林还是丛林。在暗夜里，树梢与叶子之间的秘密，全幻化成心底各种各样的诡异臆想。

原始森林里没有路灯，唯有车灯照耀出一束光芒。前方目的地我们一无所知，手机信号从进森林就消失了。车上有五个人，还有水与食物，因此我与同伴都没有感到焦虑，抱着"既来之则安之"的轻松心态，继续天南海北地聊。但我们的司机渐渐显露出不安来。他隔一会儿就点燃一支烟，焦虑与紧张呼之欲出，还带着浓浓的自责感。

司机姓包，蒙古族人，三十多岁，微胖。他不怎么爱讲话，但言谈间句句都带着实诚。他一上来就跟我们讲自己不认识汉字。我们走的是呼伦贝尔北线，他并不是第一次接待游客，沿途大多路牌也都标有蒙古文，这倒没什么大碍。

不过也有闹出笑话的时候，有一天我们在一家餐馆吃饭，爱上网的包师傅一进店就迫不及待地去连Wi-Fi。他站在一张海报前输了半天密码都没成功，就喊我过去帮忙。我一看，忍不住乐了，原来那张海报上的一串数字是报警电话。他自己也哈哈大笑起来。

不识汉字的包师傅会唱苍凉的蒙古语歌，那是草原汉子的柔情与豪情。他教我们吃手扒肉，用蒙古弯刀切下大大的一块，以刀当筷，直接入口。蒙古人天生的习性，大口吃肉，大口喝酒，但他的酒量很一般。

第一次一起喝酒是在额尔古纳河边的小镇。那晚非常冷，我们围在火炉边吃

鲜嫩的河鱼，要了几杯米酒。他只喝了一杯脸就红得不成样子，他还说喝酒爱脸红的人心善。这个理由真新鲜又深得我心，之后我们喝了一场又一场酒，脸泛红时我就指着他又指指自己，我们善良哪！然后一起大笑。

车子从辽阔的呼伦贝尔大草原呼啸而过，包师傅指着窗外忧心忡忡地说，以前的呼伦贝尔草原绿意盎然，牛羊马吃也吃不完，牧民们根本无须担心它们会饿着。但随着草原旅游开发过度，更令人忧心的是掘金者的到来，一片又一片草原被承包，被挖掘，被开发，牧民们只得赶着牛羊迁徙，去寻找未被开垦的青草地。

包师傅说了这样一句话："如果我们只顾眼前的利益，那留给后代的将是一片荒芜的草原，这是我很不愿意看到的。"

说自己没什么文化的包师傅，心里其实有着大情怀。这是他对自己热爱并眷恋着的故乡最深的敬意。

我对他的喜欢与尊敬也是从那一刻开始的。

前路茫茫未知，最后我们决定按原路返回出发的城镇。那时，车子已经在森林里开了几十公里，夜越来越深，气温也越来越低，疲惫袭击着车上的每一个人。

终于，我们看见前方出现温暖的灯火，那是守林人的小屋。包师傅前去问路，我们也跟着下车去透口气。我深呼吸一口，抬头望天的那一刻，震撼感袭上心头。然后就是惊喜，头顶的夜空有漫天繁星，浩瀚银河。

"包师傅，快，抬头看！好美啊，好美，好美。"那一刻，所有的疲惫全消散在寂静的夜色里。

几天后，我们与包师傅在午后的满洲里告别。他穿过马路，我们站在路的另一边目送他。他走几步，回头跟我们挥挥手。他再走几步，又回头挥挥手。在静默与微笑中，我们彼此都体会出一种淡淡的离愁来。

我因心心念念的额尔古纳河与大兴安岭金黄色的秋而走了一圈呼伦贝尔北线，绝美的风光如我所期望的一样令我惊喜难忘。但我记得更深的是我们与包师傅一路喝过的酒，看过的夕阳，穿越大草原时他的忧心忡忡与期望，以及在原始森林里迷路那晚，我们仰望的浩瀚星空。

"行行出状元"并不是真的

□刘威麟

> 读书分两种情况：一种是谋生的，一种是谋心的。谋生的书，你去看它，可以获得利益，是有用的。谋心的书，是无用的，但可以养心。

你真的相信"行行出状元"吗？

朋友有一次说到他和孩子的一段对话，我听了后觉得非常有趣。某一天，那个孩子指着手上从图书馆借来的故事书对他父亲讲："爸爸，书上说，那位大企业家以前一度在街上当乞丐，好多年后，终于翻身，成为大企业家。"

另一个故事是有关某位大科学家的，他以前逃学而且离家出走，后来浪子回头，回到学校，重拾学业，最后成为了不起的科学家。

还有一位年轻的严重酗酒的艺术家，后来成为千古留名的大画家。

看完这本书，孩子问了一个很令人吃惊的问题："看起来，当一个大人物还是蛮简单的呢！以后我就算逃学、离家出走、酗酒、当乞丐……无论最初怎么走，最后都还是有机会当一个了不起的大人物，对吧？"

父亲问他："为何会这样想？"

换作是你，会怎么答这个问题？

那位朋友听到他孩子这样问，首先，他肯定了孩子读了这些传记，心生了一些想干一番了不起的事业的动力。

不过，该怎么和兴致勃勃的孩子解释这样的故事呢？那些故事都太夸张了？那些故事只是特例？还是直接告诉孩子，他的逻辑不对？若这样告诉孩子，是否表示那本书的可信度也一起打了折扣？后来，这位父亲改用另一种方式，和孩子分析了一番道理。

"孩子，"这位父亲说，"这些故事是在告诉小朋友们，当大企业家、大科学家、大画家其实很困难！"

"哦，为什么？"

这位父亲继续他的"神回复"："因为你看看外面有多少乞丐，其中只有这么一两个成了大企业家；有多少离家出走的人，也只有这么一两个成为了不起的科学家。那你是否知道，其他没当成大人物的人在做什么吗？"

他立即从网上搜索了一堆可怜的流浪汉的照片，那些照片令人看了心酸，孩子不忍再看下去，频频哀叫："不要再看了……"

"所以，你知道为何这本书要讲这些成功的故事了吗？"父亲问。

孩子摇摇头。

"它就是要告诉你，在你这个年纪，就是要坐在书桌前好好温习功课，下课后多看书、多体验、多学习……"父亲说，"千万不要逃课、离家出走、酗酒、当乞丐，这样你才有更大的机会成为大企业家、大科学家、大画家。"

这位父亲还没讲完，重点还在下一句。

"而且，"这位父亲说，"就算你没当成大企业家、大科学家、大画家，你还能做一个像你爸爸这样的人。"

听完这位朋友的"神回复"，我笑得眼泪都出来了。

不过，他说的还蛮有道理。现在有一种氛围，有些父母真的相信"行行出状元"，在多元教育下，竟然非常放任自己的孩子，孩子想选什么、要学什么，都可以。但这样的想法其实是不负责任的，因为小孩其实并不知道，他一味凭着感觉走，最后会给自己带来什么样的生活。说不定，那是一种高风险、非常痛苦的生活。

父母不需要限制孩子，但也不能放任孩子。他们应该充分运用经验和智慧来分析，让孩子充分了解"行行出状元"背后可能存在的风险。

那才是孩子将要面对的真实的世界。🖋

考试"不及格"的积极意义

□ [美]卡罗尔·德韦克

> 　　如果你能勇敢承认自己的错误，那么你一定能从这个错误中获益。因为承认错误，不仅可以赢得别人的尊敬，更可增加你的自尊。

　　我听说芝加哥有一所高中的学生毕业前要通过一系列课程考核，如果某一门课没有通过，成绩就是"暂未通过"。我想，这真是个绝妙的做法。因为，如果你某门课的成绩不及格，你会想，我什么都不是，我什么都没有学到。但如果你的成绩是"暂未通过"，你会明白，学习的步伐并没有停下，你还需逐步向前，争取未来。

　　"暂未通过"也让我联想起一件发生在我职业生涯初期的事情，这件事对我而言是一个重要的转折点。当时，我想探究孩子是如何应对挑战和困难的，因此，我让一些十岁大的孩子尝试解决一些对于他们而言稍偏难的问题。一些孩子积极应对的方式让我感到震惊。他们会这样说："我喜欢挑战。"或说："你知道的，我希望能有所获。"这些孩子明白，他们的能力是可以提升的。他们有我所说的成长型思维模式。但另一些孩子觉得面对这些难题是种不幸，宛如面对一场灾难。从他们的固定型思维角度来看，他们的才智受到了评判，而他们失败了。他们不懂得享受学习的过程，只盯住眼前的成与败。

　　这些孩子之后的表现如何？让我告诉你他们的表现。在一项研究中，他们告诉我，如果他们某次考试未通过，他们很可能会在下次考试中作弊，而不是更加努力地学习。在另一项研究中，挂了一门课后，他们会找到那些考得还不如他们的孩子，以寻求自我安慰。后续的研究陆续表明，他们会逃避困难。科学家们监测了学生们面对错误时的脑电波活动图像。在固定型思维模式学生的监测图像上，你几乎看不到什么活动。他们在错误面前选择了逃避。他们没有积极地投入。成长型思维模式学生的脑电波活动图像则不同，这些学生相信能力会通过锻炼得到提升。他们积极地应对错误，他们的大脑在高速运转，他们积极地投入，剖析错误，从中学习，最终改正。

如今，我们是如何教育孩子的呢？是教育他们专注眼前，而不是注重过程吗？我们培育了一些迷恋"刷A"的孩子吗？我们培育了没有远大理想的孩子吗？他们最远大的目标就是再拿一个A，心里所想的就是下一次考试吗？他们在今后的生活中，都以分数的高低来评判自己吗？或许是的，因为企业雇主们跑来找我，说我们养育的这新一代走上工作岗位的人，如果不给他们奖励，他们一天都过不下去。

我们该怎么做呢？如何才能让孩子注重过程而不是结果呢？

我们可以做这样几件事。首先，我们可以有技巧地去表扬——不去表扬天分或才智，这行不通，不要再这样做了。而是要对孩子积极投入的过程进行表扬——他们的努力与策略，他们的专注、坚持与进步。对过程的表扬会塑造孩子的韧性。

还有其他的办法来奖励过程。最近，我们与来自华盛顿大学的游戏研究者合作，制作了一款奖励过程的数学游戏。在这款游戏中，学生们因他们的努力、策略与进步而受到奖励。通常的数学游戏中，玩家只有在解得正确答案后才能获得奖励，但这个游戏奖励的是过程。随着游戏的深入，孩子们更加努力，想出更多的策略，身心更加投入，当遇到困难时，他们也表现出更为持久的韧劲。

我们发现，注重过程的思维模式，会赋予孩子们更多的自信，指引他们不断向前，越发坚持不懈。事实上，我们能够改变学生的思维模式。在一项研究中，我们告诉学生们，每当他们迫使自己走出舒适区，学习新知识，迎接新挑战，大脑中的神经元会形成新的更强的连接，他们会变得越来越聪明。

看看后面发生了什么吧：在这项研究中，没有接受成长型思维模式训练的学生，在这一困难的过渡阶段，成绩持续下滑；但那些受过该训练的学生，成绩强势反弹，卓有起色。如今，我们已证实这一结论，通过成千上万个孩子的实例，尤其是那些在学业上挣扎的孩子。

我为什么反对中国学生上美国顶尖大学

□饶　毅

> 在世界的前进中起到作用的不是我们的才能，而是我们如何运用才能。困难只能吓倒懦夫、懒汉，胜利只属于攀登高峰的人。

事实未必有看起来那么光鲜

一般而言，海内外的华人父母，大都简单地认为上顶尖大学或研究生院只会对子女有好处。这当然是有可能性的，有时也的确会发生。但是，还有另一种可能性，也许发生更频繁——那就是对于大多数华人的孩子来说，上顶尖学校也可能对其造成影响一生的负面作用。

一般国内的人会觉得这种说法令人惊讶，海外华人中也没有流传这种看法，原因是绝大多数华人并不知道这是事实：因为绝大多数华人或没进过顶尖院校，或即便进过也不愿对外讲出全部事实——特别是不令人喜悦的事实；也因为华人父母经常简单地迷信，或臆测顶尖大学的好处。

什么是"顶尖"大学

首先定义"顶尖"。这里说的顶尖意味着至少在前十名，特别是指那些排在前五名之内的大学。从大学来说，公认的顶尖综合性大学本科包括哈佛、耶鲁、普林斯顿、斯坦福，而顶尖的理工科院校也就是加州理工学院、麻省理工学院。从研究生来说，顶尖并非仅以学校综合实力为标准，而通常只在某专业领域做到顶尖的系科。

前五名的系科当然研究生总数就很少。美国顶尖的研究生系科中长期以来很少有中国学生，比如麻省理工学院的生物系非常强，然而三十多年来平均每年接收的中国学生不到一名。我自己念研究生的旧金山加州大学，三十多年来，其神经生物系恐怕总共招收了不到十五名中国学生，其生物化学系估计还不到十名。进了这些系科的中国学生了解情况，却因为各种原因未能道出事实，导致外界不知情。

就读顶尖学校而后有所为的其实不多

我估计，在麻省理工学院、洛克菲勒、哈佛、斯坦福、伯克利、旧金山加州大学、加州理工等校专攻生物学的中国研究生不仅人数少，实际上后来的成才率也不高。从事生物学研究的最佳出路通常是做教授，然而上述学校的中国留学生以及美籍华人，后来成为美国教授的并不多。

而科学做得很好，包括后来在上述院系成为教授的中国人，恐怕多数不是从这些学校毕业的，而是出自美国那些专业很好但并不最顶尖的学校。

这背后的原因是，美国顶尖系科的研究生院，会有非常好的美国学生前来申请（包括本科在诺奖得主实验室做过研究的），因此它们不仅不积极招收中国学生，而且招收以后也不认为是其研究的主力。

"读顶尖学校容易有所作为"的误解是如何形成的

因为美国学生爱自然科学的人不是很多，所以集中在顶尖系科。这样，在优秀但非顶尖（我们姑且称为"次尖"）的美国研究生系科，美国学生常不如中国学生，所以次尖以下美国系科不仅录取中国学生多一些，而且老师普遍重视中国学生。这些中国学生"自鸣得意"给外界传递出的信息，也是中国国内误认为自己的学生优于美国学生的原因。

不仅学校有顶尖、次尖这种差别，学科也会出现类似情况。三十年来中国学生成长起来最后成为美国院士的，迄今最多的学科是植物生物学（北大也是如此）：二十多位美国的大陆旅美华人院士中有五位是植物生物学家。

其原因并非中国的植物学教育优于美国，而是因为美国农产品长期过剩，美国的优秀学生绝大多数不学植物学，如果选择学生物，大都偏好医学（次为生物医学）。

我们在植物学领域表现突出，是田忌赛马的结果，不是中国人有植物学方面的内在特长，也非我国植物学教育特别优秀。

顶尖的大学本科应该也有这些问题：那里聚集了最顶尖的美国学生，有些功课极好，有些家庭背景很强。一般的中国人都会因此受挫，所以大部分院系的中国学生后来都未能在学术上有所成就，原因是自信心没了。

他们不会告诉父母，更不会写文章告诉大家。在劣势中坚持信心，绝大多数华人都不具备这种心理素质。

美国能源部部长、诺贝尔物理学奖得主朱棣文的哥哥朱筑文，当年读小学和中学时考试分数特别高（高到他的两个弟弟都在中小学期间自愧弗如，小弟在没读完高中的情况下就弃学而逃）。朱筑文后来去哈佛念本科，拿了两个博士学位，然后到斯坦福做教授，但他的名字并不为大多数人所知，原因是他后来并未取得特别成就。

而朱筑文的两个弟弟，一个上了罗彻斯特大学，一个读了洛杉矶加州大学，都不是顶尖大学，就本科而言，这两所大学甚至连"次尖"也算不上。但朱家的老二和老三成绩斐然：老二成为物理学家；老三当了大律师，曾创下专利案最高补偿纪录。

当然，并非个个华人都要避免去顶尖大学或研究生院读书，但肯定也不是个个华人只要能被录取，就应该去上顶尖大学。

很多父母内心希望通过孩子弥补自己在学历方面的缺失或不足，也有更多华人父母将子女所读大学的名头，当作自己身为家长的"毕业证"，而不考虑特定院系对孩子一生可能产生的具体影响。

上顶尖大学的本科或研究生院，对于大多数华人来说，或许真的不如去上"次尖"大学或研究生院，能让自己获得更好的发展。💧

每次只追一个人 / □张君燕

一个不曾用自己的脚在路上踩下脚印的人，不会找到一条真正属于自己的路。

出生于美国密西西比州的史密斯为了挑战自己，报名参加了海军陆战队后备役军官训练班。在训练班结业时，学员们要进行一场"杀人比赛"。规则很简单，以个人为单位，在规定时间内互相躲避和追逐，"杀人"越多成绩越好。

比赛开始后，史密斯很快对躲在大树后的艾伦发起了攻击。艾伦见状，拔腿就跑——史密斯的高战斗力众人皆知。追逐时，史密斯发现了好几个躲在暗处的学员。艾伦本以为他会顺手先"杀"了那些人，没想到史密斯只盯着自己不放。最后，史密斯成功"杀"掉了艾伦。艾伦不解地问："很多人与你只有一步之遥，先'杀'了他们比对我穷追不舍省力多了。"史密斯摇头道："我们追逐时消耗了很多体力，而其他人一直在躲藏，以逸待劳，所以继续追你才是最佳选择。"在剩下的比赛中，史密斯每次也只追一名学员，最终取得了优异的成绩。而很多学员不停地改换目标，最终累得精疲力竭，一个也没追上。

史密斯后来进军商界，创立了全球最大的快递企业——美国联邦快递公司。他就是"联邦快递之父"弗雷德·史密斯。他的经验之谈是："一次只定一个目标，心无旁骛地追逐到底，才能成就你的人生。"

仅靠已有知识，你不可能走得更远

□［美］查理·芒格

> 越是做一些短期内无法立竿见影的工作，见影的时候影子最大；越是沉得住气、坐得住板凳，把突击战转为持久战的人，收获最多。

我很小就明白一个道理：要得到想要的某样东西，最可靠的办法是让自己配得上它。

我很小就明白的第二个道理是，正确的爱应该以仰慕为基础。

我还明白另外一个道理——这个道理可能会让你们想起孔子——获得智慧是一种道德责任，它不仅仅是为了让你们的生活变得更加美好。人必须坚持终身学习，光靠已有的知识，一个人在生活中走不了多远。

我不断地看到有些人在生活中越过越好，他们不是最聪明的，甚至不是最勤奋的，但他们是学习机器，他们每天夜里睡觉时都比那天早晨聪明一点点。

哲学家怀特海说过，只有当人类"发明了发明的方法"之后，人类社会才能快速地发展。人类社会在几百年前才出现了大发展，在那之前，每个世纪的发展几乎等于零。同样的道理，人们只有学习了学习的方法之后才能进步。我非常幸运，在我这漫长的一生中，没有什么比持续学习对我的帮助更大。

我们必须掌握许多知识，在头脑中形成一个思维框架，在随后的日子里能自动地运用它们。如果能做到这一点，总有一天你们会在不知不觉中意识到：我已经成为我的同龄人中最有效率的人之一。相反，如果不努力去实践这种跨科学的方法，你们中的许多聪明的人只会取得中等成就，甚至生活在阴影中。

另外一个我认为很重要的道理就是，将"不平等"最大化通常能够收到奇效。这句话是什么意思呢？

加州大学洛杉矶分校的约翰·伍登曾经是世界上最优秀的篮球教练。他对五个水平较低的球员说："你们不会得到上场的时间，你们是陪练。"比赛几乎都是那七个水平较高的球员在打，而他们学到了更多——别忘了学习机器的重要性——因为他们独享了所有的比赛时间。在他采用非平等主义的方法时，伍登比从前赢得了更多的比赛。

生活就像比赛，也充满了竞争，我们要让那些最有能力和最愿意成为学习机器的人发挥最大的作用。如果你们想要获得非常高的成就，你们就必须成为那样的人。你们不希望飞机是被平庸而非更有才华的人设计出来的；你们想要让最好的球员打很长时间的比赛。

我经常讲一个有关马克斯·普朗克的笑话。普朗克获得诺贝尔奖之后，到德国各地演讲，每次讲的内容大同小异，都是关于新的量子物理理论的。时间一久，他的司机记住了讲座的内容，司机说："普朗克教授，我们老这样也挺无聊的，不如这样吧，到慕尼黑让我来讲，你戴着我的司机帽子坐在前排，你说呢？"普朗克说："好啊。"

于是司机走上讲台，就量子物理发表了一通长篇大论。后来有个物理学教授站起来，提了一个非常难的问题。演讲者说："哇，我真没想到，我会在慕尼黑这么先进的城市遇到这么简单的问题。我想请我的司机来回答。"

我讲这个故事呢，并不是为了表扬主角很机敏。我认为这个世界的知识可以分为两种：一种是普朗克知识，它属于那种真正懂的人，他们付出了努力，他们拥有那种能力。

另外一种是司机知识，他们掌握了鹦鹉学舌的技巧；他们可能有漂亮的头发；他们的声音通常很动听；他们给人留下深刻的印象，但其实他们拥有的是伪装成真实知识的司机知识。

然而，光有才华仍然不够，人们在生活中可能会遭到沉重的、不公平的打击，有些人能挺过去，有些人不能。我认为爱比克泰德（古罗马哲学家）的态度能够引导人们做出正确的反应。他认为生活中的每一次不幸，无论多么倒霉，都是一个锻炼的机会。人们不应该在自怜中沉沦，而是应该利用每次打击来提高自我。

他的观点是非常正确的，影响了最优秀的罗马帝国皇帝马库斯·奥勒留，以及随后许多个世纪里许许多多其他的人。

你们很可能会说："谁会在生活中整天期待麻烦的到来啊？"其实我就是这样的。在这漫长的一生中，我一直都在期待麻烦的到来，并准备好如何对付它。

你必须不停地奔跑，才能留在原地

我们比较容易承认行为上的错误、过失和缺点，而对于思想上的错误、过失和缺点则不然。

一

罗振宇在《时间的朋友》跨年演讲中，提到了几件事。

2017年，我们这个国家已经变得很牛很牛。GDP大概是十二万亿美元，是全球第二大经济体；世界财富五百强公司中，中国已占一百一十五家；我们有着世界上最大的中等收入人口、最多的在校大学生。

这些看起来全是好事，但是好事多，不见得焦虑少。

他很焦虑——我们这家小小的创业公司能不能长大？社会阶层是不是真的像有的人说的已经固化？我的孩子渐渐长大了，该让他们去哪种学校？

总结时，他引用《爱丽丝漫游奇境》里红桃皇后的一句话："在我们这个地方，你必须不停地奔跑，才能留在原地。"

二

整理旧书，翻到白岩松在《幸福在哪里》一文中的两段话：

从小求学到三十而立，不就是在解决让自己有立身之本的人与物之间的问题吗？没有学历、知识、工作、钱、房子、车这些物的东西，怎敢三十而立呢？而之后为人子女、为人父、为人母、为人夫妻、为人友、为人敌，人与人之间的问题，你又怎能不认真并辛苦地面对？但是随着人生脚步的前行，走着走着，便依稀看见生命终点的那一条线，什么都可以改变，生命是条单行道的局面无法改变。于是，不安、焦虑、怀疑、悲观……接踵而来，人该如何面对自己的内心，还是那一个老问题——我从何而来，又因何而去？去哪儿呢？

时代纷繁复杂，忙碌的人们，终要面对自己的内心，而这种面对，在今天，变得更难，却也更急迫。我们都需要答案。

学校举行校运会，学校特别召集班主任召开一个很长的会议，会上宣布了一条很强硬的规则，所有学生不能离校，必须全员到位上晚自习，学校会派专人清点人数。我很严肃地向学生传达会议精神，学生虽然心有怨言但还是不敢多话。然而，当晚打电话请假离开的，却是前任校长的侄儿和现任校长的外甥，以及和他们玩得好的小伙伴。

我不知道别的学生会怎样看待这件事情，尤其是那些说了几次想请假，又被我强行留下的学生。空出来的几个位置让我浑身不自在，恨不得可以分身去坐满。

诚然规则不外乎人情，但是偏偏就是宣布规则的人从不遵守规则。那些尚处在身心发育中的孩子总能钻这样的空子，会不会在他们的心中埋下一颗种子——脑洞有多大，社会的漏洞就有多大。

三

有个学生怼我："老师，我想问问你，每天都教我们这些没用的东西，到底有什么意义？"

我答复说："我不许你这样说自己。"

他似乎听不懂我的幽默，我却也不知怎么去和他讲我的大道理。觉醒是一件很可怕的事情，其实更多的时候，思想顽钝，麻木不仁，才能容易获得快乐。

王小波说："一个人只拥有此生此世是不够的，他还应该拥有诗意的世界。"

那一只特立独行的猪，以一种义无反顾的姿态，弃绝尘虑，过早奔去了那个诗意的世界。在那个世界，他不必考虑当货车司机的事情，也没有拎着很破的暖壶，只是空着手，在路上慢慢地走。那条路在两条竹篱笆之中，篱笆上开满了紫色的牵牛花，在每个花蕊上，都落了一只蓝蜻蜓。

四

如果我不曾见过太阳，我本可以忍受黑暗。如果知道自己所做的努力，是萤火之于皓月、蜡炬之于朝阳、溪流之于澄海，可能在人生的长河里难以激起涟漪，还会拼命去坚持吗？

我回答不上来。

昨日种种，皆成过往，切莫思量更莫哀，明日迢迢，值得期待，怎么收获怎么栽。

你必须不停地奔跑，才能留在原地。

《天才枪手》：在考试面前，我们都是共犯

□夏阿怪

> 小孩子容易犯错，是因为没有形成自己的行为准则和思想体系，等他们长大了依然没有成熟的行为准则和思想体系，才是真正的悲哀。

2017年高考的时候，我支教时认识的学生小慧在QQ上给我留言说："姐，今天考理综之前，我们学校的老师找到我，让我给她女儿抄一点儿，说写在草稿纸上交给监考老师就好。我没有答应，后来她又找到我，说给我买一个好一点儿的手机。结果直接影响到我的考试状态了。"

我看到留言时，已经是下午六点了，理综考试已经结束。

我惊出一身冷汗，慌忙给她拨去电话，却迟迟没有接通。

"千万不要给她抄，千万不要给她抄。"我抓着手机暗自祈祷。

小慧是我支教时班里成绩最好的女孩子，人也乖巧懂事，一副可爱机灵的模样。她若正常发挥，凭现在的实力，完全能够考上一所不错的大学。

我紧张得直抠手，生怕小慧被唬住，给别人抄了。

《天才枪手》在中国票房成绩表现优异的一个很重要的原因，就是它"作弊"的主题。

作为考试大国的学生，中国学生从小到大考过无数场试，填过无数个ABCD。侧过身子偷看，传字条，在桌子底下偷偷翻书，用手机发出一连串的答案，兜里揣着复习资料，隔空打手势……都是考场上常见的景象。

我们同样体味过监考老师抬头时的紧张，走到自己身边时屏住呼吸的恐惧，逃过一劫时长舒一口气的庆幸……

所以在看《天才枪手》时，我们才有那么多次的会心一笑和心悬一线。这不过是因为，在考试面前，我们都是共犯。

《天才枪手》里面，一共有三场作弊。

第一场是Lynn在看到闺蜜Grace想要进入剧团而GPA（平均绩点）不够时，在数学考试时将答案写在橡皮上，然后放在鞋子里传给了Grace。

这一场是为友情，我们笑，并且深表理解。

接着，Grace将此事告诉了男友Pat，Pat将金钱引入了这场"游戏"，而误以为自己学费全免的Lynn在得知爸爸背着自己交了二十万泰铢的赞助费后，答应参与这场以金钱换答案的游戏。她为此编了一套手势代码，为的是在考场上像间谍一样顺利传递答案。

Lynn是天才，她懂得这套"游戏"背后的"双赢"规则——在这所贵族学校，Grace和Pat这类富家子弟的赞助费对他们而言不过尔尔，而对于自己的父亲——一名普通教师来说，却是一笔巨款。

此时此刻，影院里的我们笑声不断。我们为Lynn巧妙的作弊手段和高效的进账直呼厉害；甚至在看到第二场作弊中，Lynn一口气做掉两套题并顺利地将答案传递出去时，为她欢呼了十秒。我们知道Lynn这样做不对，但是可以理解。

第二场AB卷考试作弊的过程中，出现了一点儿意外。

学霸Bank发现了有人在抄袭Lynn的试卷后，在交卷时提醒Lynn，却不知这是一场有预谋的作弊。我看到这里时，不禁唏嘘："这孩子太善良了……"

几乎是同一时刻，座位后排的女生也没忍住，脱口而出："好傻啊！"

Bank的这一行为本身是善良的，是非对错他明明白白。但他也是傻的，傻的不是他给Lynn的提醒，而是他还没有参透社会阶层分化后的不公平之处，没有意识到学校在考试制度之外，被一种更大的社会规则裹挟。

到第三场考试利用时差的跨半球作弊时，我们不再笑了。

因为这场作弊涉及人员极多、金额巨大，而他们要挑战的则是一整个国际考试体系。最关键的是，我们知道这是一场必输的赌博。

Lynn在说服Bank加入这次计划时，说了一句："就算你诚实，生活照样在欺骗你。"他们的诚实，建立在从小到大的学校教育之上。他们都是优秀且聪慧的学生，遵循着学校制度，在考试中取得顶尖的成绩。他们虽然家庭条件不够优越，可是身上都有着一股天之骄子的傲气。

Lynn和Bank终究走上了不同的路。

我也产生过作弊的念头。大一那年的期末考试，时间紧张，要背的东西太多，周围的同学都开始跑到复印店里去缩印复习资料，一张A4纸包含的内容就变成了一张餐巾纸的大小。然后再裁剪成小小的一份带进考场。

我背不下来，心里怕得要死，几乎崩溃。我跟着室友去了复印店。复印店的老板平静地拿过资料，迅速地帮我缩印好。而我站在那里，红着脸垂着头。

室友一边将资料放进包里，一边笑着对我说："你爸妈肯定没想到你上大学会这样。"然后拍拍我的肩膀，"好好考，明天就解放啦！"从复印店走回寝室的路上，我脑子里一直响着那句"你爸妈肯定没想到你上大学会这样"。我觉得羞愧极了，他们引以为傲的女儿，竟然要在大学考试中干这样的事情。

我把缩印的资料揉成一团，扔进了垃圾桶。

看着狂喜的Bank，我想，如果当时Lynn对他说一句"你的妈妈肯定会对你很失望"，会不会将他拉回来？

这是一个几乎人人都承认欲望的时代，这也是一个人们为没办法赚钱而痛苦不已的时代。是非对错的界限变得越来越模糊，阶级之间的鸿沟却越来越清晰。铺天盖地的新闻里，浮现出来的是房价、教育和安全感的阶级焦虑，掺杂着些许对少年赤诚之举的唏嘘缅怀。

有电影台词说："小孩子才分对错，成年人只看利弊。"极其巧妙、极其中立，像在说成年人的聪明，又像在说成年人的无奈。

可能那个《皇帝的新衣》里的小孩，看到《天才枪手》里Lynn给Grace递写满答案的橡皮时，就会站起来说他们这样不对。而不像我们，窃窃地笑着、紧张着、不以为然着。

小时候，我们也分对错。后来，当我们明白原以为的公平根本不存在时，便成了共犯，陷入作弊的狂欢。可是，小时候我们以为的生活，不是我们长大后所认识的生活，而我们如今所以为的生活，又是生活真正的模样吗？

不要像一个小孩子一样分对错，要以成年人的立场，建立自己的是非观。

那天我拨过电话大约半个小时后，小慧终于发来消息："姐，我没事，我没给她抄。"

我长舒一口气，还好没有。🎤

感恩失败，才有资格去挑战

你期待长大吗？也许在这个过程中会面临很多困难、很多挑战，但是不要着急，请你慢慢来，经历风雨你才配看到彩虹。

为什么大公司开始喜欢去高校挖人 / □罗振宇

> 只有有效地继承人类知识，同时把世界最先进的科学技术知识拿到手，我们向前迈出半步，就是最先进的水平，第一流的科学家。

投资圈里有一个名人，叫王冉。有一次，哈佛大学科学院的院长跟他说到一个现象：原来到哈佛大学挖人的，都是其他高校，比如耶鲁、斯坦福，但最近有个变化，来挖人的都是大公司，什么苹果、谷歌、亚马逊之类的。

这个变化背后，其实是一个大趋势。过去，做学术和做企业应用，在知识上是高度分离的两个行当，但是现在要合流了。

这意味着什么？王冉说：

第一，大公司对世界的影响会越来越大，它们和政府之间的博弈会越来越复杂。

第二，科研成果转化为商业价值会越来越快，我们会看到越来越多的科学家成为巨富。

第三，这也是我最关注的。就是人类的学习方式，也会发生巨变，学校不再是唯一的知识圣殿。公司组织没准儿会演化出新形态的终身学习的大学。嗯，我们好好努力吧。

高贵不是优于别人，而是优于自己

□ 小岩井

唯有内心充实，才是我们追求一切的最终目的。不以结果为导向的生活态度，也是一种美。

不以结果为导向的生活态度，也是一种美。优于别人，并不高贵，真正的高贵是不断优于过去的自己。

我见过很多这样的人，无论做什么，都有一股强大的劲头，眼睛盯着那不容被人抢走的桂冠，跟自己较劲，誓要做到最好。因为我自己从小就是一个懒散的人，只求不要太累，什么事都但求不过不失，老被家人说不上进。

所以我打心里也很佩服那些有明确目标而又冲劲十足的人。然而逐渐认识了很多这样的奋斗青年后，我发现他们固然励志拼搏，但对于生活的热爱，又很容易表现在一切可以被认证的结果中。比如第一名。

勇于追求自己想要的目标，这当然不是坏事。可是这很容易累，也很容易走入烦躁与焦虑中。我们这种在外人看来不怎么追求有出息的一类人，只要能找到自己合适的位置，往往自得其乐，活得悠然。

我喜欢能从小事情中找到快乐的人，那种能把平淡生活过得悠然自得的人。一个有能力跟自己相处得很开心淡然的人，跟谁都能处得愉快。据我观察，常给别人找不快的人，多半因为他跟自己处不好，而且他不想只有他一个人不快乐。

记得有一次，我看了一晚上的书，看完仔细一想觉得没收获，就很不开心。刹那间，我忽然明白我们为什么越来越不快乐，因为我们期待得越来越多。

这世上有多少人就有多少条路，可是大家都想走别人的路，走着走着就把自己的路走成了死路。这个世界上的资源永远都不少，而是我们浪费掉的创造力太多。

昙花的哲学 　□尤　今

就在"旖旎风光无限好"的时刻，鸡啼声起，它大
限到来，不做无谓的留恋与挣扎，速速凋谢。

晚上散步回来，在楼下门口，忽然觉得周身被丝丝缕缕的清闲萦绕，循香望
去，发现楼下邻居家的那一株昙花开了，居然有二十朵，远远望去，像一盏盏小
灯笼，静静地挂在翠绿的叶茎上，在月光里悠悠地吐香。

隔着铁栅栏静静欣赏，看到其中的一朵在轻轻地动，以为是风在吹，可揉了
揉眼睛再看，发觉那圆锥形的花苞，正一点一点地张开，微微露出一个小圆口，
天啊，昙花要开了！我兴奋地叫着，感觉快乐瞬间在心胸扩散。那花似乎承受不
了我那惊喜的一叫，忽然一下又开了一大口，我慌忙屏住气息，一动也不动地盯
着，那花开得真快，那弯弯的有些像阿拉伯数字"2"的圆锥形的头，越长越大
了，像是婴儿打哈欠的样子，渐渐地露出了里面星形的花蕊和黄色的花药。它慢
慢地绽放，使劲儿地向后翻转着，莹洁的花瓣，像少女的纱裙，在月光下、在晚
风里翩翩起舞。终于全部绽放开来了，一缕凉凉的香气流动出来，似水般穿透夜
色，向四周散去，美得像一个梦，让你惊羡得说不出话来。然而，就在你的惊羡
还未褪去，它却已先一步萎缩，像是完成某种使命一样，毅然决然地离去。

曾经以为昙花是害羞、懦弱的，它避开了人群躲在暗夜里静悄悄地开放，一
定是缺乏面对阳光的勇气，犹犹豫豫，敷衍了事，如今才知道，昙花的生命是如
此蓬勃、如此从容，它不需要舞台、不需要喝彩，静静地在黑暗中把积蓄了一生
的美丽拼尽在一刹那绽放，然后，走得那般从容，那般静美。

生命的价值不需要舞台，不需要喝彩，不需要那浮夸的礼赞，它只需要在它
最美的那一刹那释放出最强的光芒便足矣。

纵然流泪，也是因为喜悦

□凉月满天

　　所谓天才，和普通小孩一样，欢笑、流泪，努力、颓丧，只不过他们做自己喜欢的事，过自己喜欢的生活，才成了天才。

　　一个天才少年，却在高考前夕罢考，不肯迈出房门，喃喃自语，在房间里大喊大叫，疑神疑鬼，胡言乱语，吓得他父母心惊胆战。

　　父亲把他带到心理分析师那里就离开了，少年和心理分析师面面相觑。

　　少年居然开始对心理分析师做分析："你的性格看上去外向，实际是内敛。"他拿起手边一本书接着说，"你看，你读书的时候乱折页角，但是你的书里很干净，不在书里乱画重点或者批注什么东西……"

　　——少年的分析和评判，都特别有道理。

　　心理分析师也不客气，猛戳少年的心窝子："你进房间第一眼注意到的是书，说明你很爱读书；仅凭一本书就能推测出我的个性，说明你很聪明。但是，你的聪明只是小聪明，因为你不知道真正的生活是什么样子。你说的见到的鬼呀、怪呀什么的，都是扯谎，什么长头发女鬼穿着白衣服、吐着长舌头之类的，一点儿创意也没有，一看就是从一些小破书上看来的。你看了许多书，你知道字面上的'亲情''友情''爱情'是什么意思，知道字面上的'绝望''恐怖''无奈'是什么意思，但是你并没有真正经历——你没有真正的生活。"

　　少年愣住了。在此后一个多小时里，两个人相对沉默，直到少年的父亲来接走他。

　　第二天，第三天……每一天，少年都如期而至，沉默地和心理分析师对坐几个小时。终于有一天，少年一来就迫不及待地推开门，想和心理分析师交流。

　　心理分析师说："你对你的父母不满，对不对？"

少年一愣："你怎么知道？"

"你的父母因为你现在的状况快急疯了，可是你一点儿都不觉得愧疚，反而很开心。以前你那么优秀，他们为你骄傲，老师也为你骄傲，但你都没有这时候开心。"

"是的，"少年说，"我老是被老师动员着、被爸爸妈妈鼓励着，参加各种各样的竞赛。他们根本不问我愿不愿意，就替我做了决定。我不去，爸爸妈妈就不停地唠叨，这是学校对我的期望，这是为爸爸妈妈争光。"

于是，少年都记不清从小到大，自己背了多少不感兴趣的东西、解了多少不感兴趣的习题。同学们都羡慕他，也都疏远他。放学后，别人都成群搭伙地玩，只有他一个人留在老师办公室，做着解不完的习题。他更想和小伙伴一起到田野里去疯，到运动场上去玩。可是不行，父母和老师都不允许。他们整天让他学习，学习，再学习，他们不停地跟他说："你前途无量，你是天才。"却没有人愿意了解天才喜欢什么东西，做天才是什么感觉。

少年泣不成声："我真的不想当天才，我想要我自己的生活，想过我喜欢过的日子。"他努力忍耐，但最后还是号啕大哭，声嘶力竭，"他们剪掉我的翅膀，却又要我拼命地飞！"

他哭得撕心裂肺。长久以来，他都被当成一个小天才。如今，他是一个普通的小孩。这个故事让人心痛。

做自己想做的自己，还是做别人愿意看到的自己，是一个永恒的难题。我们皆是普通人，既难以明了自己的心意，又容易被掌声和鲜花淹没真正的自己。孩子纯真之心未失，容易看清自己，尚且被一些看上去美好的期待蛮横地"欺压"成了这个样子；更何况壮盛之年的人，既有野心，又有诱惑，于是把真正的自己当成故事里的小孩，强拧着他走上不想走的路、过起不想过的日子，最终不是崩溃，就是任他在黑暗里哭泣，痛彻心扉。

有一句话："悟道之前，砍柴挑水；悟道之后，砍柴挑水。"悟道之前，砍柴挑水，或许抱怨活儿脏活儿累，或许期望凭着砍柴挑水能得道升天；悟道之后，砍柴挑水就是砍柴挑水，是自己喜欢的生活方式。自己选的，活儿再脏再累也不会嫌弃，只想要此时此刻开开心心地砍柴挑水。

这大约是最人性化的方式：过自己喜欢过的生活，做最喜欢做的自己。哪怕普普通通，哪怕砍柴挑水——会流汗，不会流泪，纵然流泪，也是因为喜悦。 💧

朋友圈就是自己的倒影 / □周　冲

如果要了解一个人，最好的方式就是看他的朋友、朋友圈，以及所处的环境。当朋友圈成为生活中不可或缺的信息来源时，你是否被它左右？

雅虎的创始人蒂姆·桑德斯曾说："你的社交圈就是你的净值。"

因为，我们总会努力地修剪自己，调整自己，借鉴和模仿周围人，将自己融入周围的环境，以便和周围人看起来没什么不同。

所以，与自己联系越紧密的人，往往就是我们的倒影。

举个例子。林冲的朋友圈里，与之联系最紧密的，有梁山好汉，有如花娇妻。于是，他的性格之中，英勇、刚毅、优柔并存。孙悟空的朋友圈，神仙充斥，妖兽横行。于是，他就是一个神与兽的结合体。但是，当他与唐僧越来越近，其身上的担当也越来越多，修行越来越深，成佛就慢慢发生了。

你是什么人，就会衍生出什么朋友，融入什么圈子，这些又反过来，巩固你的社会地位和观念见识。美国杰出的商业哲学家Jim Rohn（吉米·罗恩）曾经提出著名的密友五次元理论："与你亲密交往的5个朋友，你的财富和智慧就是他们的平均值。"

正所谓，近朱者赤，近墨者黑。与鸿儒相处，学识渐高；与下作之人来往，会越来越没品。

我一个朋友曾在微信群里说，他正焦虑于为孩子选择什么学校。一所离家近，但软件与硬件都较差；一所离家远，学费高昂，但师资雄厚，他不知该如何选择。后来有人对他说："你不要看眼前，你要看未来。你希望孩子未来是什么样子，那就让他去往那个环境。"于是，他果断选择了后者。

现在呢，也是一样的。你想成为什么样的人，就去往那样的城市，做渴望的事，结交有智有品的朋友，置身于优质的人文环境。因为，多年以后，你就会成为其中的人。

山羊的痛苦　□赵元波

所谓幸福的人，是只记得自己一生之中满足之处的人，而所谓不幸的人，只记得与此相反的内容。

几年前，父亲养了两只山羊，自从村里实行了封山育林，不许随意到山上放羊之后，父亲就只能把两只山羊关在圈里圈养。

每天，父亲都要给它们割上一篮子树叶或是青草吃。

我发现，每次父亲丢给它们的树叶或是青草还没有吃完，它们就迫不及待地仰起头，看着挂在高处的篮子，咩咩地叫个不停，甚至直立起身子，要去够高处的叶子或是青草吃，可父亲呢，才不会让它们够得到呢，总是还差那么一点点，弄得两只山羊想吃却又够不到，非常痛苦。

有时，父亲到田里去干活儿，也会把两只山羊牵到田埂上去放。为了防止它们乱奔乱跑去啃食别人家的粮食，父亲总是在地上钉上两根木桩，把羊拴在桩上，羊就只能以木桩为圆心吃到圆心以内的青草。可是，很多时候，它们总是安不下心来，明明圆心以内的青草足以填饱它们的肚子，它们却总是对圆心以外的草感兴趣，老是围着木桩走来走去。为了尽量能吃到圆心外的草，脖子都被绳索磨起了一道道的勒痕也在所不惜，可是能吃到的草非常有限。每当这时，我就在想，为什么非要苦苦去吃够不到的草？脚下够得到的草还很多呢！父亲总是说，这都是不知足惹的祸，自找苦吃。

其实，很多时候，我们人跟这两只羊非常相似，不知道满足，总觉得吃不到的草才是最好的草，于是痛苦产生了，烦恼来了。学会知足，不去追求得不到的东西，也就找到了快乐的源泉。

真正的工匠精神

□ 流念珠

> "用心做事"是一种人生原则，它能使自己在生活中学到更多，做得更好，只有用心做事，才能把事做出色。

日本美食界大师级人物早乙女哲哉，每天工作十小时，五十多年来从没请过一天假。他用一生的时间去炸天妇罗，被称为"天妇罗之神"。

早乙女哲哉成名后接受过很多采访，其中，NHK（日本放送协会的简称）电视台采访过他多次。有一次，NHK想用两个星期的时间跟拍一个姑娘学炸天妇罗的过程，而后制作成纪录片。这个姑娘给早乙女哲哉打下手，NHK提议最后一集让姑娘亲手炸一次天妇罗，然后让早乙女哲哉评分。早乙女哲哉同意了。

最后一天，姑娘毛手毛脚地处理了鳝鱼，然后放进油锅里炸，翻了几下之后，她又慌里慌张地将鱼捞出。姑娘的这些举动，让一向和善的早乙女哲哉勃然大怒："你知道一条鱼需要多长时间才能长成吗？你知道一个渔民要练多少年手艺才能捕到这种鱼吗？答案是，五年到六十年！你又是否知道有多少人拼了性命才能使这条鱼以最快的速度到达餐馆，然后以最鲜美的状态呈现在顾客面前？你这样，不仅是对批发商和顾客失礼，更是对渔民和鱼失礼！"

姑娘被吓呆了，一旁的摄像师小声安慰姑娘说："别怕，到时我们还会剪辑，这一段应该不会播出去。"没想到，早乙女哲哉听到这句话后很坚决地说："NHK若不把我这段发怒的视频播出去，把视频剪成一个姑娘轻轻松松学两个星期就能把天妇罗炸好，那么，这个节目我决不同意播出！"

最终，NHK尊重早乙女哲哉的意思，把他"骂人"的过程原原本本地播了出来。大家都说："对于自己所热爱的事业，早乙女哲哉始终抱着不容亵渎的敬畏感，这才是真正的工匠精神！"

不必死记硬背

□李　津

忘记痛苦的记忆，是人的本能，死记硬背只能让人
感到痛苦。

爱因斯坦由于创立了相对论而一举成名，成为20世纪最伟大的科学大师。

1921年春天，爱因斯坦到美国组织募捐，为犹太族青年创办一所大学筹款。当时许多美国人想了解爱因斯坦究竟读了多少书，知识程度究竟如何，于是提出了许多问题："您记不记得声音的速度是多少？""您怎样记才能记住许多东西？""您是把所有的东西都记在笔记本上随身携带吗？"……

爱因斯坦莞尔一笑："我从来不携带什么记着所有东西的笔记本，我常使自己的头脑轻松，以便把全部精力集中到我所要研究的问题上。至于你们问我声音的速度是多少，这我很难确切地回答，需要查一查物理学辞典，因为我从来不大注意去记辞典上可以查到的东西……"

"那您脑子里尽记些什么呀？"

"我记得是书本上还没有的东西。"爱因斯坦回答，"仅仅死记那些书本上可以查到的东西，什么事件啦，人名啦，公式啦，等等，根本就不用上大学。我觉得，高等教育必须充分重视培养学生会思考和探索问题的本领。人们解决世界上的问题，靠的是大脑的思维和智慧，而不是照搬书本。"

人生实苦，但请你选择优秀

□南 山

> "一定要成功"这种内在的推动力是我们生命中最神奇、最有趣的东西，一个人要做成大事，决不能缺少这种力量。

2017年，《隐藏人物》获得了包括奥斯卡金像奖、金球奖等在内的13项全球知名大奖的提名，被众多影评人称为"最不容错过的、以黑人为主角的电影"。相较其他义愤填膺的黑人电影，《隐藏人物》的权力斗争异常温和。

三位黑人女性成长轨迹迥异，但共同的目标让她们相遇在了NASA（美国国家航空航天局）。彼时是1962年，美国种族偏见和女性歧视仍很严重，她们为了与之斗争，将认真生活与努力工作作为信仰，贯彻在每一个平凡的日子里，最终在NASA占得了一席之地。

凯瑟琳是数学天才，因出色的速算能力被提拔到总部和工程师一起工作。可是那儿没有有色人种厕所，她每次都只能带着运算任务奔跑三十分钟去上厕所。她不能从公共的咖啡壶里喝咖啡，也不能参加高级别会议。她没有大吵大闹，而是靠着坚韧的意志力和出色的专业能力，一次次地完成不可能的任务。

最终，主管亲自将厕所上"有色人种禁用"的牌子砸了，还破例让她参加会议。她也成了团队的中坚力量，赢得了大家的尊敬。

多罗西作为有色人种计算机部的"主管"，却享受不到主管的薪资和职称。在得知巨型计算机将取代自己部门的事实后，她没有自暴自弃，而是带领部门自学计算机的相关知识，最后整个部门被重新雇用。

玛丽想成为航天工程师，可她必须要通过当地某所大学的课程，而这所大学不接受有色人种。玛丽对法官说："我别无选择，只能勇当第一人。"她诉说了一个航天工作者对星空的渴望，和王尔德的"我站在阴沟里，依然有仰望星空的权利"隔着历史遥相呼应。

最后，她通过了课程，成为美国历史上第一位黑人女性航天工程师。

一开始，三位女性无疑都是寄人篱下的顺从者，面对歧视和压迫，她们并没有选择示威游行这般激进的态度来"针尖对麦芒"，也没有和"既定价值观"死掐。因为那样只能被歌颂，而对于摆脱眼前的困境毫无帮助。聪明的她们选择了提升自我及不断用话语权对抗偏见。终于，她们都得到了自己想要的人生。

捆绑人生从来都不是那些世俗的偏见，而是自我的设限。比起大张旗鼓地反抗"歧视"，更难的是一开始就对那些抛过来的 "性别优待"说不。人生实苦，但只有一开始就选择优秀，才能跳脱种种限制。🎙

青春遗址是大学的烧烤摊

□倪一宁

供你怀念青春的地方不一定很多，也许就是学校附近的烧烤摊，你的欢笑、眼泪，失意、成长都在那里，像人生的预演。

因为《深夜食堂》，网上掀起了对真正的"国产夜宵"的大讨论。

二十四小时粥铺，杨国福麻辣烫，街上随便一辆三轮车支起的米粉铺子，冬天路边的红薯摊……自然比不上《深夜食堂》里黄磊老师的日式小酒馆精致，但即便你住在中国的一线城市，仍然可以随处见到它们。

如果夏天的夜晚只能选择一种夜宵，那就是烧烤。我对大学最初的印象就是烧烤摊。

我本科就读的学校位置很偏远，在上海的闵行，开车到市区起码要半小时。

学校里有烧烤摊，校门外也有流动的烧烤摊——被称为黑暗料理，学校对面马路上还有烧烤摊的门店，店里一共三楼，楼梯狭窄、黑暗，且吱吱嘎嘎作响，但学生们仍然乐意去。

那时候我们觉得卫生与否的唯一检验标准，就是看吃了会不会拉肚子，只要不拉肚子，就是没大问题的。

我想我们刚上大学的时候，真的是很有力气，随时都准备着把友谊的小船划得很欢。

就是在学校里的烧烤摊上，我见证了一些——我觉得后来很难有机会遇到的事情。

比如各个社团的人在烧烤摊聚餐。基本可以从发言顺序、说话内容推断出谁是上级谁是新成员，谁是热衷于这种破冰活动的组织者，谁又是推托不过只能来凑人数的社员。

我也在烧烤摊上见过被退学的男孩子，爸爸拿着一个蛇皮袋，里面是他的被褥，两个人沉默地要了两碗福建千里香馄饨。

男生吃到一半，眼泪掉进碗里，说："爸爸，我回去复读高考吧。"

他爸爸说："好！"

我当然更见过失恋了拉着闺蜜一起吃烤串的姑娘。眼睛肿到睁不开，酒量是毫无意外地差，还要学着大人的样子拎着酒瓶子干杯，说到一半彻底号啕起来。

我没想到我会对大学的烧烤摊印象如此深刻。事实上我吃过烤串的次数两只手数得过来，后来不吃，也不是因为矫情，而是肠胃确实变弱了，我吃一次辣火锅需要三两天缓一缓，吃完烤串第二天醒来第一反应还是想吐。

大学的烧烤摊真的是个很粗糙的地方，就像我们的青春，多的是不体面。

长大是件好事，但也可能是件挺没劲的事。

我的朋友"一棵树"说，有天回学校，看到三个男生，围在一起分一份炸鱼豆腐。仨人也不讲话，一边拿牙签戳鱼豆腐往嘴里送，一边头凑一起目不转睛地看游戏视频，气氛祥和。这样典型质朴的理工男，学校里少说得有一千号人，平日关心刷题和游戏，有喜欢的女生但不敢追。一想到要不了几年他们就会开始梳油头用LV钱包，知道怎么恰到好处地讨异性欢心，我就觉得一切都好没意思啊。

真的没意思。本科时有漂亮姑娘会在大众点评上，签到昂贵的外滩餐厅，搞得大家每次用大众点评都战战兢兢，觉得人生到处都是竞赛。这两年长大了，发现外滩附近的餐厅整体素质就是三个字——不好吃，经常想抓着对面据说"promising（前途无量）"的男生的肩膀大摇说"我也很想喜欢你但你为什么这么不好笑啊"，经常想回到本科时，一无所有，但多的是勇气和不怕出丑。

那时候好像有足够的时间供我们走散又重逢，不像后来，每一次见面都像是告别。

世界上最不缺年轻人。

而供你凭吊青春的地方不会太多，有时候就是一个简陋的烧烤摊。你有时候在那里坐坐，会心生恍惚，觉得对面每个走过来的人，都曾仿佛见过。💧

校园欺凌，在日本也得靠孩子自己解决

□唐辛子

意志坚强的乐观主义者用"世上无难事"人生观来
思考问题，越是遭受悲剧打击，越是表现得坚强。

早起看微信，发生在北京中关村二小的欺凌事件，几乎刷爆了我的朋友圈。

我不清楚国内的学校是如何定义"欺凌"二字的。但日本文部省对"欺凌"二字的定义十分明确，制定了例如"欺凌防止对策推进法"等在内的各种制度与对策，但这一切并无法根绝校园欺凌事件发生。

例如，日本的漫画家手冢治虫，就是这样一个在欺凌中成长起来的人。如果我说手冢治虫能成为日本战后最具影响力的漫画之神，与他童年时遭受欺凌有关，也许会令许多人大吃一惊。

小学时代的手冢治虫非常瘦小，头发有些天然卷，看起来乱蓬蓬的，加上视力不好，从小就戴眼镜——在20世纪三四十年代，戴眼镜的孩子还非常少，大家对戴眼镜的手冢治虫特别好奇，凑过来问："戴上眼镜能看多远？"手冢治虫自己其实也不是特别清楚，就胡乱回答说："只能看六十米远。"于是大家一阵哄笑，当即给手冢治虫取了个绰号叫"六十米远的眼镜"。

学生时代的手冢治虫老是被同学们惹哭。在手冢治虫的回忆录《我的漫画人生》里，他这样写道："每次回到家，母亲就会问：'今天在学校又被惹哭了多少次啊？'于是我就扳着手指头数：'一次二次三次……'而每次母亲都简短地回答我说：'要忍耐。'"

老是被人欺负的手冢治虫下决心要采取措施，来改变自己的处境。最好的办法，是能会一样别人不会，而只有自己特别拿手的绝活，那才能够让人心服口服、刮目相看。那样的话，说不定他就再也不会受人欺负了吧？

感恩失败，才有资格去挑战

手冢治虫想来想去，觉得自己最拿得出手的绝活，就是画漫画。因此在小学三四年级的时候，漫画练习得非常努力，父母亲买回家的漫画书，他几乎都临摹了一遍。升学到五年级的时候，手冢治虫已经有了厚厚一本自己动手绘制的漫画册了。

这本自制的手绘漫画册，果然改变了手冢治虫遭受欺凌的人生困境——漫画册在同学们之间互相传阅，班级里的同学都对他刮目相看。以前欺负他的那些同学，果然对他友好起来，不仅不再嘲笑他了，甚至主动来跟他打招呼，挠着头特别不好意思地问："手冢君，什么时候去你家看漫画啊？"

手冢治虫用漫画征服了欺凌他的同学，并在成年之后，他用漫画征服了整个日本。

孩子受到欺凌时，该怎么办呢？

忍耐，肯定是无法解决问题的。

倒是像手冢治虫这样的对应方式，我以为十分值得参考借鉴。

因为，基本上小时候在学校受欺凌的孩子，都相对力气小、身体瘦弱。但通常这类孩子，一般也会具备其他方面的特长或潜质。避重就轻，依据孩子的潜质顺势而为，让孩子拥有一项其他同龄孩子所不具备的特长与能力，可以令孩子在班级里获得其他同学的敬意与关注，帮助孩子获得友谊。

赢，也可以很温暖

□杨　澜

> 赢，不是斤斤计较和不达目的誓不罢休的冲动，而是对竞争对手下意识的宽容和大度，这也能帮助我们得到比"赢"更宝贵的财富。

人类对自我和世界的认知，似乎一直伴随着发问。

作为电视主持人和记者，我以提问为生，并以提问为乐。一次次的提问，让我打开不同世界的大门，领略不同心灵里的风景。生活原本就是由问与答组成的，问他人一个问题，有可能换来一个让心灵震撼的答案。

当比尔·盖茨决定捐出四百多亿美元的个人资产成立基金会后，他才发现捐钱有时比赚钱还难。

关于慈善，他提出了要允许犯错的主张，甚至每年会留出百万美元做"试点项目"，买的就是错误和经验。他曾捐巨资改善美国的基础教育，却发现吃力不讨好，因为人们对教育的标准有着千差万别的认识。于是他把目光又投向了贫穷国家的公共卫生，通过基金会下疫苗订单的方式给制药企业提供市场，再交给这些国家的政府分发接种，从而形成政府—企业—慈善三足鼎立、相互支撑的模式。

股神巴菲特认同盖茨的慈善理念和管理能力，决定把自己四百多亿美元的资产分年度逐步转交给盖茨基金会，因为他认为，把钱交给盖茨夫妇这样既聪明又诚意做慈善的人很放心。

有一年，盖茨基金会与阳光文化基金会在北京举办"巴比晚宴"，盖茨和巴菲特与五十几位中国的企业慈善家聚首，讨论怎样更"聪明"地做慈善。

我问盖茨："过去企业家往往制定遗嘱，在身后捐出财产。你为什么人到中年就决定捐献？"盖茨说："如果你已经死了，怎么知道善款是否得到了善用呢？我认为还是应该在自己年富力强、头脑清醒的时候组建专业的团队。"

盖茨和巴菲特的领导力不仅体现在投资、创业的巨大成功，还体现在一种生活方式的示范：人可以支配金钱而非成为它的奴隶，人有机会在物质和精神层面都成为富有者。

当我问到巴菲特是否在乎后人只记得盖茨基金会而可能忘记他的名字时，他笑着说："我根本不在乎人们是否记得一个名字。对于我来说，有一个生活在非洲的孩子不必因为感染疟疾而夭折，就已经足够了。"

在盖茨与巴菲特之间，除了两人惺惺相惜，也有一点善意的竞争：看谁更聪明！盖茨说他认为巴菲特最不可思议的地方在于他的日程极不饱和！而巴菲特立马就从裤兜里掏出记事本，炫耀似的在我面前"哗啦"一翻，果真字迹寥寥！言下之意是："孩子们，别整天把自己搞得很忙，多给自己一点思考的时间。你们还得学着点！"

有时，赢的定义可以很温暖。

我进入中央电视台时，没有任何后台，甚至没有一个认识的人，却受到当时制片人和领导的无私帮助。

当时的一位制片人，在若干年以后接受其他记者采访时说：当时他们都特别喜欢我，都特别希望帮我。为什么呢？因为有一件事他记得特别清楚：

当年我在参加主持人大赛的时候，有一千多人来应试，到最后一轮时只剩下我和另外一个女孩了。台领导给我们布置了一个即兴演讲的题目，让我们在楼道里自己准备。此时，这位制片人刚巧路过，他发现尽管我们每个人只有五分钟的时间来准备自己的这篇演讲稿，我却在辅导另外一个女孩，也就是我的竞争对手。当时我们要用中英文作一个小演讲，那个女孩不是英语专业的，所以有些词不明白，我就在帮她梳理，教她用英文如何表达。

说真的，如果不是他提起来，这件事我都不记得了。

他说，杨澜是一个很大气的人，在这最后的竞争关头，还用这么有限的时间来辅导自己的竞争对手，他觉得很了不起，于是就对我有了很好的印象。

所以我常常觉得，即便是在最残酷的竞争里，下意识的大度或者善意，也能帮我们赢得无私的、长久的支持。如果我们每一件事情都去斤斤计较，好像每一件事情上都占便宜了，但是最终却吃了大亏———这些事例在我二十年的职业生涯当中，屡见不鲜。

最舒服的交往状态　□周国平

> 隔行如隔山，但没有翻越不了的山头，灵魂之间的鸿沟却是无法逾越的。我们对同行说行话，对朋友吐心声。人与人之间最深刻的区分不在职业，而在心灵。

在任何两人的交往中，必有一个适合于彼此契合程度的理想距离，越过这个距离，就会引起相斥和反感。这一点既适用于爱情，也适用于友谊。

对于人际关系，我逐渐总结出了一个最合乎我的性情的原则，就是互相尊重，亲疏随缘。我相信，一切好的友谊都是自然而然形成的，不是刻意求得的。我还认为，再好的朋友也应该有距离，太热闹的友谊往往是空洞无物的。

高质量的友谊总是发生在两个优秀的独立人格之间，它的实质是双方互相由衷地欣赏和尊敬。因此，重要的是使自己真正有价值，配得上做一个高质量的朋友，这是一个人能够为友谊所做的首要贡献。

与人相处，如果你感到格外的轻松，在轻松中又感到真实的教益，我敢断定你一定遇到了你的同类，哪怕你们从事着截然不同的职业。某哲人说："朋友如同衣服，会穿旧的，需要时时更新。"我的看法正相反：朋友恰好是那少数几件舍不得换掉的旧衣服。总在频繁更换朋友的人，其实没有真朋友。

友谊是宽容的。正因为如此，朋友一旦反目，就往往不可挽回。只有在好朋友之间才可能发生绝交这种事，过去交往愈深，现在裂痕就愈难以修复，而维持一种泛泛之交又显得太不自然。

至于本来只是泛泛之交的人，交与不交本属两可，也就谈不上绝交了。外倾性格的人容易得到很多朋友，但真朋友总是很少的。内倾者孤独，一旦获得朋友，往往是真的。🌢

过后再悲伤

□ [美] 迈克尔·奥尔平　译 / 张尧然　杨颖玥

> 当灾难发生后，我们的确需要时间悲伤，但不一定
> 就是此时此刻，因为此时，正是受伤害的人最需要你的
> 时候。

彼得·约翰斯顿是芝加哥大学学生心理健康诊所专家，作为教授兼心理顾问，三十年来，约翰斯顿帮助了无数有焦虑倾向的学生。他回忆："我曾经辅导了一个学生几个月，有一次，我接到他的电话，在电话中他说：'今天的心理辅导我不参加，我爸爸刚刚去世。'"

"天哪，我当时就想，他正承受着极大的压力，还有什么能比亲人逝去更糟的呢？但是，这个学生的下一句话震惊了我，他说：'在葬礼之后，有一个重要的考试，我会在考试之后联系您。'"

"我说：'你需要时间悲伤，你必须给自己一段时间来平复父亲去世带来的痛苦。我建议你把这个考试推迟到这个伤心过程结束之后。'"

"'您说得对，'他回答说，'我的确需要时间悲伤，但不是现在。我必须通过这场考试，不然我无法继续自己的学业。我会竭尽所能参加考试，过后再悲伤。'"

"这时候我明白了，这个学生是一个心理非常强大的人，他可以控制自己的情绪。父亲过世对大多数人来说都是一件让人痛苦紧张的事情，但这个学生并没有惊慌失措，而是很好地控制住了自己的情绪，他决心去掌控生活，而不是任由生活摆布。"

失败的格局 　□陈　坤

> 生活总是喜欢愚弄我们。在你绝望时，闪一点儿希望的火花给你看，惹得你不能死心；在你平静时，又会冷不丁地颠你一下，让你不能太顺心。

　　我非常热爱《百年孤独》里布恩蒂亚家族的第一代祖先老何塞，我认为他是个狂人，很多革命家或开拓者都具备这种狂的特质。这种人的血液里流淌着不安分的因素，不在这里折腾，就在那里折腾。

　　村里来了吉卜赛人，老何塞把家里所有的钱拿去换人家的磁铁与放大镜，读到这里常常会心一笑，因为看到了自己的影子。记得我刚来北京的时候，在东方歌舞团担任独唱歌手，那时候最大的梦想是拥有一台录音机。1995年，一台进口录音机卖三百元，是我几个月的工资。我省吃俭用地攒了几个月，还差二百元。有一天终于忍不住了，跑去跟朋友借了钱，去燕莎商场把那台录音机买了回来。当时我兜里只剩下两块钱，要支撑一个星期。朋友后来知道这件事，觉得不可思议："那你吃什么？"

　　我满足地说："饿着。"我不知道自己算不算个狂人，但我性格里的确有极致的东西。

　　成名以后，不再有金钱的烦恼，但我还是会经常感觉到"手里没钱了"，因为所有的现钱都投入到想做的事情上。

　　我想做的事情太多了，特别是有了公司以后，把很多不可能变成了可能。因为自小对文字的热爱，2012年，我成立了图书团队"东申九歌"，从一个毫无出版经验的"门外人"，到开始尝试做图书的出品人；2013年，我成立了设计团队"东申空间"，公司的第一个作品，就是今天占地一千多平方米的办公新址。

　　从公司成立伊始的寥寥数人，到今天拥有四个团队、六十名员工，如果不是承受力到达极限，理性及时站出来说话，也许我还停不下"投入"的脚步。我是一个对未来抱有企图心的人，这份"企图"并非通往一个成功的经营者，或者赚更多钱的目标，甚至它不一定来自某种赞誉，或者展现我的风格。我只是想去看更精彩的世界，从探索和吸收中获得更多的满足感。

俗话说，出海多了，总有翻船的时候。成功与失败、得意与失意，就像月亮的阴晴圆缺，也是一种自然规律。

你失败了会怎样？我是挂在脸上的。要么消沉，要么黑脸，总要颓废一阵子。对我来讲，比失败更难以接受的，是我在这个过程中看到自己的"无能"。原来我既没有过人的智力，也没有超常的才华；既没有过人的眼光，也没有稳定的判断。这种对自我的否定折磨了我很久。

有一天，我偶然在镜子里看见自己。一副衰弱丑陋的样子，这哪里是那个敢冒险、追求自由的我？只是一个输不起的赌徒而已。忽然意识到，老天送我这面失败的镜子，就是让我看见失败的自己，然后去思考失败的意义。

一个不敢经历失败的人，多么可怕。他只在世界的一方角落里活过，从来不敢走出去。我曾经骄傲于自己是个冒险者，想去看更大的世界，却因为害怕失败，阻碍了我看世界的脚步。

原来失败比成功的格局大得多，失败里藏着更宝贵的东西。这真是冒险之路最有趣的地方。

在欧洲如厕

□闻 已

> 文明并非源自文字的发明，而是第一个马桶。废物处理使人们不再到处游走躲避自己的粪便，从而最终定居下来。

去德国旅行的时候，在波恩一家大型商店内如厕。驻足厕所门前，一台类似国内公交车上的投币机映入眼帘，彩色显示屏上不停地滚动着一行英文，大意是："你要进入洗手间吗？请你先投币。"我赶忙从口袋里掏出一枚硬币投入端口，随着一声悦耳动听的音乐声，一张小小的纸质凭证从机器另一端口"吐"了出来。这时屏幕上又出现了一行英文："请你保存这张凭证，可能会用得着。"只见上面除了投币金额和如厕的时间，还有一行小字，大意是"如果你在我们商店或我们商店的连锁店购物，持有这一凭证可以作为抵折券使用，有效期为一年"。

看完之后，我"扑哧"一笑。嘿嘿，日耳曼人也挺会煞费苦心无孔不入地做生意，竟连如厕者也没放过。又转念一想，人家可是使的精明巧妙之招啊！顾客虽然付费如厕，但看了这几行温馨的"安民告示"后，说不定会萌发购物的心愿。一旦购买了若干数量的商品，结账时抵折后便会觉得非常合算。是呀，从表象上看，在该商店如厕花费了些许银两，但实际上还是免费的。

我立即选购了一把剃须刀和一盒润肤膏，标价分别为八欧元、十二欧元。结账时理直气壮地亮出那张凭证，按照商店的规定，分别抵折百分之三、百分之五，呵呵，"恭"有所值。也就是说，扣除刚才的如厕费，还节省了零点三四欧元，虽然微不足道，但心里却乐滋滋的。

几日后，我转赴西班牙马德里市观光。中午时分，我跨进一家餐馆用餐，餐前洗手，但站在男女两个厕所门前，我却无所适从了。眼前这两个厕所门上的标识都是似鱼非鱼的图案，区别只是一白一黑。我只得返回大厅，要求一位中年服务生"指点迷津"。算我幸运，这位服务生竟然是一位"中国通"，他立即和我一起走到厕所门前，热情地向我比画着讲解：这个图案是你们中国太极图的一种演绎，以阴阳鱼表示男女，白色鱼为阳，表示男厕，黑色鱼为阴，表示女厕。"为什么要这样故弄玄虚呢？"我疑惑不解。服务生眨了眨眼又解释道："说来话长。在西班牙这个国度里，近年来男女厕所的标识图更迭实在太频繁了，原先大多以长发和短发的人头像作为标识，但如今长头发的男性和短头发甚至光头的女性已是屡见不鲜。后来改为以裤子和裙子的图案分辨男女厕所，然而很快又发现穿裙子的男子粉墨登场了。于是有人想到了以烟斗来代表男性，但街头又有老妇人嘴叼着烟斗招摇过市。还有一阵子，以一顶礼帽来表示男厕所，但这一行为很快遭到一些女性的强烈抗议：既然男人可以戴礼帽来展示绅士风度，那么女人就不能以礼帽来装点贵妇人形象？于是乎，众多的年轻女士纷纷戴起礼帽与男性分庭抗礼了。"

听罢这位服务生的解释，我忍俊不禁地说道："也许将来又会出现雷同，又会有新的图案来表示了。"他耸了耸肩、摊了摊手做了个滑稽动作，旋即幽默地说："这很有可能。套用你们中国的一句古诗来形容，'总把新桃换旧符'吧……"

是啊，西班牙私人生活的充分自由化，决定了这个国度的厕所男女标识的多样化并存。所以在此要提醒诸位的是，如果在西班牙旅游，"方便"时，千万不能只认定一种标识。

人要逼着自己去成长

□入江之鲸

> 人要逼着自己去成长。你现在逼自己做不想做的
> 事，是为了将来能尽情地做想做的事。

人要逼着自己去成长。你现在逼自己做不想做的事，是为了将来能尽情地做想做的事。

昨天和朋友柚子逛街，聊到她目前的一些困扰。

柚子是一个不大善于沟通的人。工作上，她很少主动和带自己的法官沟通，每次都只是默默完成交代的任务，再无交流；进修上，她去参加讲座，她有问题想问，都已经在脑海里组织好语言了，现场人也不多，她就是没勇气开口。柚子的困扰，让我想起一位前辈，张小姐。

张小姐是某公司的经理，四十岁不到，财务自由，玩得一手好基金，房地产买到美帝去。在几百人的剧场做分享，她谈笑风生，从容自得，一副游刃有余的样子。她对我们说："无论在何时何地，你都要想办法让别人记住你，而且最好永远忘不掉你。"

我被这句话触动——当时，我一直在寻求提高存在感的方法。尽管那时候我都不太敢举手，却还是强迫自己向她发问："有一些人天生不善于表现自己，该怎么办呢？"

张小姐闻言，给我们讲了她的故事。其实，她也不是天生爱表现的人，性格比较内向。在工作的前几年，她不爱出风头，一想到被众人目光聚焦的感觉，心里就七上八下、紧张不已。她很少表达自己的观点，因此存在感极低。

有一次，她和同行小柯因为业务上的关系结识了。

她和小柯提起："其实，我们一年前就一起参加过一门培训。"

小柯一脸迷茫，努力回忆了一下，还是坦诚地表示不记得了。张小姐心里有点儿失落。

她突然意识到，自己工作两三年来，一直在原地踏步，正是因为她从来不"逼"自己去当众表现——你从不表达观点，别人就不会知道你的看法；你从不发言提问，别人就会忽略你的存在。

没有人会注意你，没有人会赞扬你，没有人会羡慕你——没有人会注意到你。

你就这样被忘了，即使已经工作了两三年，在大家眼里也不过是个可有可无的透明人。

张小姐所在的企业是一家跨国公司，时常要开远程会议。以前每次开会，她从不过多地发言。通常是总部代表讲完后，问还有什么问题不清楚，其他七个国家的代表依次提问。最后总部问，中国人有没有什么意见？

这时候，问题差不多都被其他人问完，张小姐只能说"没有没有"。不甘心永远这样沉默下去，张小姐下定决心，逼自己改变。

她暗暗给自己定下任务——每次视频会议，一定要抢在第一个提问，哪怕只是问"刚才讲到的×××能再解释一下吗"。

从一开始的头皮发麻，到后来越来越自然流畅，张小姐渐渐喜欢上了积极表达的感觉。

起初，她很担心自己的提问会没水平、被别人笑话。但后来她发现，如果逼着自己去提问，就会下意识地更认真地去倾听和思考，最后问出来的问题，往往是很有质量的。因为逼着自己去表达，她在同事的眼里，逐渐从"啊，我想想，她人还不错吧"的小透明，成长为"很有想法""很有见解"的业务骨干。

有时候，人要逼着自己去成长。你现在逼自己做不想做的事，是为了将来能尽情地做想做的事。现在的你，逼着自己去成长、去变成更好的样子，把握人生的主动权，将来才不会为形势所迫，被驱使着艰难前行。我们逼迫着自己努力，是在为将来争取随时任性的权利。

有时候，人要逼着自己去成长——别偷懒，别胆怯，别退却。进一步，才能看到海阔天空。💧

是什么阻碍了大多数人去完成自己的目标

□罗振宇

> 人生目标的确很难实现，但是如果不行动，那连实现的可能也不会有。

几年前，我参加一个论坛，很多企业家都在讲，现在环境不好，宏观经济形势很差，企业不好做，反正是各种悲观。然后，主持人就说："你们刚才说得都很悲观，但是我发现你们都在投资，都在把真金白银变成厂房、机器、基础设施，能说你们真的是悲观吗？"

我曾看过台湾主持人陈文茜采访企业家潘石屹的一档节目。

陈文茜问潘石屹："你为什么要把女儿送到美国去留学？是不是证明你对中国没信心？"潘石屹就各种解释，说有信心。陈文茜就一直不信，最后把潘石屹逼急了，他说："我这几年在黄浦江沿岸（也就是上海）已经投了几十亿的房产，你说我对中国有没有信心？"

所以，我们听企业家讲话，不能光听字面意思，还要观察他的行为，如果他还在继续投资，说明他打心底有一个清晰的判断，这就叫作乐观。

我们普通人平时不大容易嫉妒那些明星，因为我们服，人家天生有资本、有禀赋，脸蛋长得漂亮。他们挣大钱，我们不嫉妒，可是会觉得资本家挣大钱不应该，那是社会不公的产物。要知道，资本家也有禀赋，是什么？就是我们刚才所讲的乐观的气质。

在基因生成的那一刻，就已经决定了这个人是悲观的性格还是乐观的性格。有的人看什么都漆黑一片，有的人就觉得到处是机会，值得把自己押上去赌一把。

作为一个创业者、一个企业家，需要具备的素质，第一个，是乐观的禀赋。

第二个，叫马上行动的能力。

说实话，我还没有创业的时候，也喜欢吹牛，给人当策划。

最让我惊讶的一次，就是跟一个企业家吃饭，我就开始吹牛，说我有一个想法，你应该干一件什么事。等饭吃完了，人家结完账说："你刚才那个想法特别好，相关的工商注册，我已经派人去办了，就在我们刚才吃饭的这半个小时中，域名注册已经拿下来了。"我当时就惊呆了，但是回头一想，这可不就是企业家的精神吗？

而大多数人，总是有一堆念头在纠缠。是创业呢，抑或是继续在这个公司干下去，还是跳个槽呢？天天只是在那儿想。为什么干不成事？想多了，干少了嘛。

所以，创业者不见得在智力或者说思考能力上异乎常人，他们真正领先的是行动能力。有这么一个说法，全世界同时想到同一个创意的人，可能就有几千人，但是最后谁摘到了果子？是那些最先行动的人。

就像菲尔德，他想要修一条跨越大西洋的电缆，在说服英国人的时候，英国人就问他："你这个电缆如果修到半途断了怎么办？"你看菲尔德怎么说的？他说："那就再建一条喽。"始终是用行动而不是用道理去跟人交流。这样的人，就是迈向成功的人。

过度选择耽误事儿

□苏 芒

> 你只有先做，先迈出一步，才能看得到上一层台
> 阶上的风景，看得见更大的江河，才知道下一步要怎
> 么走。

你只有先做，先迈出一步，才能看得到上一层台阶上的风景，看得见更大的江河，才知道下一步要怎么走。

像我们这样周而复始地活在时尚圈的人，早就习惯走着走着就掉进时差的窟窿里，不仅是北京与巴黎的时差、上海与米兰的时差，穿着皮草看天桥上的模特薄纱摇曳，五月端午节刚和倪妮一起包粽子，转眼印着她笑脸的八月盛夏刊就显眼地铺满了全国的报亭。

但是，这些都不是我想说的时差。有一种时差，更要命，我把它叫作视野的时差。有一天，你突然想去爬山，看着山高似乎不过几百米，爬个来回不过两个小时，打算用山泉洗个脸，山腰小铺逛逛，买个冰激凌上山顶教堂拍照，然后在太阳晒过头顶前下山。

但是，假设只是假设，你根本无法预计你会看到什么样的景色、偶遇什么样的陌生人，就连山顶有没有教堂也不是你说了算。所以，你的纠结、选择和打算，只是空想。

人们总说要成功，选择大于努力。可是，对年轻人来说，更糟糕的是过度选择。在你看不到全貌时，别靠臆断拼凑，对自己做的所谓重大选择，好像只有这样的形式感才算对自己负责任。

其实三十岁之前，只要你聪明努力人品好，并愿意专注十年只做一件事，选什么，你都会成功的。年轻的你，还远远没成熟到有资本做选择。

很多优秀的85后，问我关于职场选择的困扰："到底要不要放弃安稳的工

作，从零开始做我喜欢的职业？可是会不会一无所有？""我该如何才能成为你们这样的女人？""到底该先结婚还是先创业？是不是应该在创业之前把婚结了、孩子生了？"……我只想说："孩子，是你想太多了。什么都别想，做了再说。"

如今的年轻人所面临的时代，价值多元化，机会多到眼花缭乱，看起来好像做对了决定，就像押对宝，瞬间改变命运。其实，正是在这个看起来遍地是黄金的时代，做比想才更重要。

你太年轻，别着急做决定，你连自己到底想要什么都不知道，谈何纵观全局、权衡利弊？你根本看不到全局，以你的经验值，你连半局都看不到。以你当前的智慧和眼界，看不见楼上的风景，看不见更大一局棋，更看不到偶然，看不到意外，看不到机遇和风险同在。你住在二十岁的身体里，却非要想象以超前成熟的头脑设想自己一定要在三十五岁走上人生巅峰，从而推测出未来十五年的每一天都该如何精准投资。

你所谓的理性分析、完美推断、无懈可击的人生计划，都是基于浮冰上的楼，随时可能轰塌。你永远拼不出一个进可攻、退可守的万全计划，如果有，那一定是个死于中庸的伪战略。别害怕改变、失去、未知、失控、急转弯、被挑战，甚至——不知道自己在害怕什么的害怕。这些害怕，都来自你对成功的渴望、安全感的缺失和壮志未酬的焦虑。

人心老了，才会害怕失控、患得患失、故步自封。而你，正年轻貌美，像个口袋里叮当作响、荷尔蒙气息扑面而来的年轻赌徒，无论输赢，都敢和世界来一场语不惊人死不休的对赌。你只有先做，先迈出一步，才能看得到上一层台阶上的风景，看得见更大的江河，才知道下一步要怎么走。别想那么多，没用。

你得做，花一分钟迈出第一步，而不是花一年、两年去计算得失风险。

做了再说，是年轻人的大智慧。如果说，三十岁之前，有一定要做的选择，那么只有：每一个十字路口，都follow your heart（听内心的声音）你决不会后悔。

我懂你的知识焦虑

□拾　遗

> 只有经过思考、沉淀、反复琢磨的知识，才能算属于自己的知识，人就是在这种反复思考、研究的过程中，跟上时代的步伐。

我朋友刘刚的一天是这样度过的：丁零零——早晨闹钟响起。他眼一睁，立马抓过手机，打开"得到"，倾听六十秒罗胖教导。刷牙与吃早饭时，打开"喜马拉雅"，完成了"三十分钟的音频学习"。然后，他出门上班。地铁上，再点开"知乎live"，听了"三个知名答主的经验分享"。中午吃饭与午休的时间，他又点开了"在行"，抓紧学习了《如何成为写作高手》。下班路上，他又打开"得到"，在上面"订阅了五个专栏"。吃完饭，上床，打开"直播"，听了"李笑来的《普通人如何实现财富自由》"。然后刘刚带着满满的充实感，终于无比欣慰地进入了梦乡。

——

刘刚这两年很焦虑。打开电视，看到别人英语流利如老外，他坐不住了，下了一个英语APP，走路、做饭都戴着耳机练习听读。打开公众号，读到《这个世界正在惩罚不学习的人》，他坐不住了，赶紧买回一摞书。刷刷"知乎"，他又一声惊叹："这个人的回答好专业好高深，我差太远了，不行，我得订他的专栏。"我问刘刚："你干吗把自己弄得这么累啊？"刘刚一下说了三个原因："时代变化太快，担心自己的知识不够用。""别人懂的东西自己不懂，怕落后于他人。""未来充满了不确定性，害怕自己被社会淘汰。"刘刚的三个担心，其实极具普遍性。这个时代，很多人都像他一样患上了知识焦虑症。一天不求知，心里就不安。

何为知识焦虑症？就是我们对新的知识、新的信息和新的认知迭代始终有一种匮乏感，因为担心自己知识匮乏而落后于社会和他人，从而产生一种心理恐惧。

"我不想被超越，更不想被落下，唯一能做的就是跟紧这个时代，更加快速高效地吸收和学习。"

二

但是学习又学什么呢？这是一个信息爆炸的时代，一分钟产生的信息量超过古时一千年，刘刚说："我不知道怎么筛选有用的知识。"这也是一个时间短缺的时代，时间已成为世界上最短缺的资源，刘刚说："我不想把大量时间耗费在选择上。"这更是一个急于求成的时代，每个人都在努力寻找成功的捷径，刘刚说："希望短时间就能掌握某项技能。"正在"刘刚们"焦虑头痛时，"罗振宇们"出现了，用手一挥："跟我来！"于是，知识付费诞生了。

何为知识付费？一言以蔽之就是：你付费，我就给你知识。"你不知道怎么选吗？我帮你选。""你不想耗费时间学吗？我帮你读。""你不是想很快掌握技能吗？我嚼烂了给你。"哇，知识付费竟然这么好，于是大家一拥而上。订专栏、订课程、订直播、订小密圈，刘刚说："生怕动作一慢，就被甩到行进队列之外。"所以，目前知识付费用户已达五千万人。"手机里没几个付费APP，都不好意思跟人打招呼了。"

三

罗永浩说过一句话："为什么很多人试图去为学习付费？因为他们期望转角遇到更好的自己。"但是，我们遇到更好的自己了吗？微信公众号作者"小鹿快跑"讲过一段付费经历：2016年1月至2017年6月，他一共为知识花费了五千元，在知乎上买了四十六次讲座，花了一千五百元；在微信上买了二十一个讲座，花了五百元；参加了一个写作培训班，花了五百元；在得到上买课程，花了约三百元；参加过两次早睡早起打卡群，花了一百元；购买了几个七七八八的课程，花了两千元。一开始，他信心满满，期待自己变好。谁知道一年半过去后——

"我除了白发多了几根、皱纹多了几丝、眼袋多了几两外，一点儿都没有发生变化。生活品质没有提升，工作没有加薪，旅游梦想没有实现……"

这就是大部分追逐知识付费的人所得到的结果："一开始，觉得很有启发很有用，看完的一瞬间觉得自己受益匪浅。可时间长了，我才发现，我的认知并没有由此而提高，我的思维并没有由此而升级，我的知识和技能依然在原地踏步。"

四

有段时间，和刘刚一起聊天时，他嘴里经常冒出一大堆新名词，"跨界学习"啊，"认知升维"啊，"中矩思维"啊。有一次，我问他："你都哪里学的？"他说："付费APP上。"那段时间，刘刚特喜欢在社交场合表演，潜台词是："你看，我学到了好多新知识。"两年过去后，他终于消停了，不再逢人就满嘴喷新名词了："学了一大堆新名词、新概念、新思维，看似什么都知道，其实一点儿用也没有。"

五

还有一个朋友特别喜欢各种"干货"知识，今天在这个公众号看到"通往财富自由之路"，"干货满满，我要收藏起来"。明天在那个公众号看到"高情商必须具备五个能力"，"干货满满，我得收藏起来"。就这样，他像松鼠屯粮一样囤积着。但收藏的过程，就是遗忘的过程。"有一天，我打开微信收藏，看到里面竟然有1000多篇文章，我不知道自己是什么时候收藏的，也不知道当时为什么要收藏这些文章。"最后，他一键删了个干干净净。

所以，我们经常感叹："学了这么多，就像没学过一样。"乔布斯说："你得到的知识根本称不上知识，充其量只是信息。"在这里，我声明两点。第一，我不是反对碎片化学习。利用碎片时间进行碎片化学习当然很有必要，但这与学习碎片化知识是两码事。第二，我不是说碎片化知识一无可取。该什么时候去吸收碎片化知识呢？就是你对某个领域的知识架构已经建立好了，这时你可以借助碎片化知识来查漏补缺，丰富自己的认知深度与认知广度。

六

我想起了我读高三时的一件事情，当时班上有一位后来考上清华的学霸，他总结了一套高效学习笔记。我当时物理成绩位居下游，便向学霸取经："借你笔记看看呗。"我把他的笔记完完整整地抄了下来，但是几次物理考试，我还是位居下游。我说："我都看了你笔记好几遍了啊。"学霸说了一句："未经你思考的知识是不属于你的。"我一下醍醐灌顶。

千万别把自己捏成碗

□黄 汇

"水满自溢，尘满自落"。一旦自满自喜于既有成绩与优长，不思进取与纠错则不啻故步自封，前功尽弃。深广其器，方能弃其浅薄，自致远大。

清华大学四年级的时候，我有一个设计方案受到大家的夸奖，飘飘然地拿去给梁思成先生看。看后他什么夸奖的话也没有说，让我下楼去拿一个碟子、一个碗上来，再把书架下的一个小陶土罐子拿出来，让我灌了大半罐子水，然后对我说："你看，这半罐子水不满，有人会对它在意吗？可是现在你把这水倒在碗和碟子里直到溢出为止。然后人们会惊呼水太多了，水真多。其实，罐子里还剩很多水，罐子里的水才真多，你可千万别把自己捏成碗，更不要捏成碟子，那就没出息了。"

我在回想罐子的事时，先生唤回我的思路，嘱咐我道："每当你做成一件事受夸奖时，一定要冷静地去调查一下还有什么不足，甚至勇敢地问一问有没有错误，认真总结，定出新的目标，这是不断进步的诀窍。要记住，我今天的话很重要。""当然，我的画也很重要。现在把曾受你夸奖的那幅《谐趣园》的画送给你。"

他的话我铭记至今，那幅画就是梁先生画集的封面。

你过得那么充实，却在浪费时间

□曲玮玮

> 我们总是把原本轻松的生活变成了和时间的拉锯战，要在每个有限的时刻把自己武装得充实，把浪费时间看得太过敏感。

当你以为自己在节省时间的时候，恰恰是在浪费时间。

我们都是一路从应试教育走过来的，耳提面命地被灌输分秒必争。当时养成了不少独门绝技，比如边吃饭边解物理题，比如边跑步边背英文单词。

慢慢地，我们越来越忙，也越来越贪心，希望时间能分割成几块来用，觉得让生命延长的诀窍，就是去过高密度的生活，习惯一心二用甚至多用。后来才发现，那表面上是珍惜时间，其实是在浪费。很多人的生活习惯应该与我类似吧。

我家卫生间摆着不少书籍杂志，上厕所时紧张兮兮地抓紧时间看书，或者掏出手机来看长文。以为自己在分秒必争，其实反而拖延了时间，通常看着看着，就不想走出来了。

化妆和做家务的时候，为了充实自己，会放一些公开课和线上讲座音频来听。以为会提升效率，其实反而把妆化得一塌糊涂，公开课的内容从耳边像流水一样滑过，没有任何记忆。

追的美剧上新了，必须要第一时间下载看。如果窝在沙发上公然看剧，内心是有愧疚感的，感觉是在赤裸裸地消遣浪费时间，于是把电脑切换成分屏模式，一边写作一边刷剧。反而看完也不记得任何情节，文字也写得支离破碎。

跟朋友聚会的时候，就一边刷手机一边跟朋友有一搭没一搭地闲聊，心想反正聊天又不需要全神贯注。结果丝毫没有享受到和朋友专注相处的乐趣，刷手机也没有刷过瘾。

……

到头来，做了太多无意义的事，把生活过得乱七八糟。就像好动的小猫，同时捣乱好几个毛线球。看似节约了时间，其实一切都要重新来过。

晚上习惯熬夜，白天的工作没有做完，只好带着愧疚继续硬撑着，无视自己已经打了好几个呵欠，美其名曰珍惜时间。结果是效率持续低迷，还搞垮了身体，最后揉揉惺忪的睡眼上床睡觉，第二天昏睡不醒。

为了节约时间，生病不舒服也喜欢硬撑着，反而耽误了最佳治疗时间，到头来要浪费更多时间进行深度治疗。去面对一件事情之前，为了节约那一刻的决策时间，会提前设想各种各样的方案和解决策略。事到临头瞻前顾后，不知道该怎么前进。倒不如兵来将挡，水来土掩，反倒快刀斩乱麻节约时间。

我们都在做特别本末倒置的事情。

说到底，是我们活得太用力，把时间这个东西看得太重了。把原本轻松的生活变成了和时间的拉锯战，要在每个有限的时刻把自己武装得充实，把浪费时间看得太过敏感。

其实，做家务就认认真真去做，看美剧就沉下心去享受，何必贪婪地把一切都装进有限的布袋子里呢？困了就去休息，不舒服了就放下手头的工作，让时间静静流淌。

每一寸的时间都自有意义。知道这些，又何谈浪费时间？

看不到希望不要紧，我给你

□雾满拦江

> 你相信梦想，梦想才会相信你。有一种落差是，你配不上自己的野心，也辜负了所受的苦难。

"陪你去看流星雨落在这地球上，让你的泪落在我肩膀……你会看见，幸福的所在。"天上确有些星星，会让人看到幸福的所在，比如说，第5095号小行星：埃斯卡特兰，全称是吉米·埃斯卡特兰。

故事还得从埃斯卡特兰第一次上课说起。那时初为人师的他满怀希望地推开了教室的门。开门，"哐"的一声，一盆冷水扣在他的头上。哄堂大笑中，就见无数垃圾、粉笔向着他的脸飞砸过来。无数稚嫩的声音在大喊："去死吧你！"

什么鬼？原来他走进的是全美教育质量倒数第一的农民工子弟学校。这里的学生都是拉美贫困移民子弟，父母尚在生死线上挣扎，只能任由孩子自生自灭。

埃斯卡特兰不得不开始了噩梦般的教学生活：学生们想来就来，想打架，课堂上随便打。但慢慢地，他就有了心理负担。孩子们有什么错？美国贫富分化太严重，寒门子女从出生那一天，就已经被社会抛弃。

埃斯卡特兰下定决心带好这帮孩子。他先研究孩子们，发现他们平时看的，都是粗制滥造的黑社会美剧。学生们以为那就是真实的生活，最羡慕剧中黑帮大佬。埃斯卡特兰就宣布："从今天起，咱们班不再是课堂！咱们就是黑社会！每个人，都是大佬，必须起一个大佬的名字！"学生们立马响应起来。除此以外，他还在教室墙上贴满了崛起于底层的黑人体育明星，并忽悠孩子们："孩子们，他们有体力，咱们有脑子。他们玩打球，咱们读名校。"结果所有的学生，爆发出一阵大笑："我们家，世世代代都是穷鬼，没人能够改变我们的命运！"埃斯卡特兰闻言大怒，掉头冲出教室。他再冲进来的时候，把全班同学吓坏了。只见他手中握着一把雪亮的菜刀："刚才是谁说没希望的？"没人敢吭气。"哐"的一声，埃斯卡特兰手中的菜刀剁下，大喊道："看不到希望怕什么？我给你！"埃斯卡特兰后来回忆说："其实我拿着菜刀冲进教室，只是想切个苹果，让孩子们看到苹果横剖面上的星星。"

此后师生形成良好的互动，孩子们变得认真起来。埃斯卡特兰趁热打铁，推出他的微积分课程："孩子们，你们要改变命运，必须要学微积分。拿下微积分，就可以入读美国名校。"此言一出，学校和家长，当时就"炸"了。学校方面说："微积分是人家好学校的官商子弟学的，你们跟着添什么乱？"家长说："想变着法地让我们掏补课费？没门儿！"可是孩子们已经认定了老师会改变自己的命运，全部跟着学了起来。

一年后，全班所有同学，都通过了美国的AP微积分考试——这就意味着，所有的同学，都可以入读美国名校。此事震惊美国。美国教育考试服务中心ETS第一时间发表声明，该考试统统不作数。原来AP微积分考试是为特权子弟入读名校开的绿色通道。埃斯卡特兰气坏了，据理力争。ETS（美国教育考试中心）怕事情闹大，就说："你们这些学渣肯定作弊了，明天再考一次！"

再考一次，仍然是全部通过。美国的诸机构这才不吭声了，于是建筑工的儿子，入读耶鲁大学；农夫的女儿，入读哥伦比亚大学……

后来，埃斯卡特兰的事情，被美国拍成了电影——《Stand and Deliver》（《为人师表》）。他本人，入美国教师名人堂，获北美最佳老师奖、杰斐逊奖、自由精神奖。美国邮政局发布了以他为主题的邮票。而第5095号小行星，以他的名字命名。这颗给人以幸福的小行星，在天上闪着希望的光芒："没有希望不要紧，我给你！"

我是全清华最自卑的人

□陶瓷兔子

人生本来就是不断改变的过程，而那些拒绝被改变的人，并不是因为看不到未来，而是因为放不下过去。

有个读者写信给我，说觉得自己活得好失败，很想复读一年，考到另一所学校去。

我以为那是小姑娘高考发挥失常之后的遗恨，随口问："你现在读的是哪所大学？"

她说："清华大学法学系。"

她急忙补充道："我知道这样说很矫情，但是我真的不想再读下去了，在学校的每一天都像是人间地狱。"

她生长在一个四线的小城市，成绩很好，在县上的重点高中稳居榜首，高考后，毫无悬念地被清华大学录取，成为街坊们口中啧啧称赞的"别人家的小孩"。

她从未出过省，初来北京的时候满眼都是新奇，可不知道从什么时候开始，略带新鲜感的懵懂逐渐一点点变成束手束脚的胆怯。

或许是在法学课上，老师抛出的专业名词，而曾经身为学霸的她一个都听不懂时。

或许是在口语课上，被严格的外教逐字逐句地纠正她略带方言味儿的发音时。

或许是舍友在校园舞会上一场伦巴大放异彩，而她却惊觉自己除了学习什么都不会时。

一点点的失落，终于积攒成暗潮汹涌的自卑将她淹没，而导火索，是她站在科技馆前被那些新奇的小发明迷得移不开眼时，同行的舍友催促了一句："就这些小东西也能把你迷得神魂颠倒？真没见识，快走吧，大家都在等你。"

这本是句无伤大雅的玩笑话，她却发了飙，歇斯底里地对着舍友一通发作："我就是个没见过世面的乡巴佬行不行？早就知道你们看不起我，你们大城市来的有什么了不起……"

她变得越来越沉默寡言，将自己活成一个透明人一般，独来独往，一整天也不跟谁说一句话。试图通过降低自己的存在感，小心翼翼地掩饰与这个世界的种种违和，期末考试结束之后，她几乎是逃也似的离开了北京，可随着开学日期一天天临近，她又开始焦虑。

"有没有什么办法能提高自信？"她问我，"哪怕就是装出来的也好，只要不在别人面前露怯就行。"

我想了想，回答她："你需要的或许并不是自信，而是承认自己的自卑，你习惯了做众人夸奖和羡慕的对象，无法承受光环的消失，也无法容忍'自己不如别人'的念头。

"越压抑，越防御，甚至演变为一种隐晦的攻击，而你身边的人感知到这样的攻击，会纷纷离你而去，你在变得更加孤僻的同时，自然就会将一切归咎于'都是自己不够好'，从而变本加厉地憎恨自己。

"人生本来就是不断改变的过程，而那些拒绝被改变的人，并不是因为看不到未来，而是因为放不下过去。"

她是个聪明的姑娘，很快就想通了这几句话，第二天，我收到了她的回复："我想了一夜，我一直不愿意承认的，就是我到了新的环境中，各方面都不如同学们的事实。可是仔细想想，这也没什么可自卑的，对吧？我能考上清华，就说明我有了同台竞争的入场券。"

虽技不如人，幸来日方长。

你别以为过去的优秀有什么了不起，那充其量不过就是推开这扇门的敲门砖，而不是保你一路畅通无阻的护身符。

而我也是在很多年后才明白这个道理，战胜自卑最好的武器，并不是灌下大碗的鸡汤告诉自己你最棒，你是唯一，而是坦坦荡荡地接受现实的落差，撕碎自己的虚荣心，大步逆风前进。

毕竟，只有真正平庸的人才会永远处于自己的最佳状态啊！

而我多希望，那个故步自封的人，不是你。

撞上一些别的什么，才会了解"自己"

□剑圣喵大师

> 苦难是成功途中的考验。懦弱的人必然在苦难之下被淘汰，只有坚强的人才会走完自己认真思考的路程。

曾经有一个女孩问我："你学心理学的，平时是怎么看我的？"

我反问她："要是我把你夸上天，你信吗？"

"不信！"

"所以，你这是个无效问题。一个人是没法从别人嘴里问出真实的自己，因为他们的评价总带有自己的目的。想看清自己，只有一种方法，那便是学会冒险卷入冲突，就像在黑暗中，我们看清路的唯一方法，就是学会撞墙！"

女孩半懂不懂，问我："怎么样冒险卷入冲突呢？"

我告诉她，我读研一的时候，和一个朋友混进隔壁医科大学临床专业课堂里。因为我们在网上看到一个消息，说医学院全是清一色治愈系女生，还配着图：欢迎学弟报考。

结果，我和朋友坐了半节课，我就被台上的教授点起来回答问题了，大概是"细胞在什么情况下，要使用什么药剂、剂量多少？"

我直接就蒙了，连题目都听不懂，班上女生都看着我笑，尴尬极了。

教授让我坐下，然后缓缓地说："你才坐进教室，我就知道你不是我们专业的学生。"

我看了一圈，教室里很多男生啊，教授没理由全部都认识！

这时教授接着说："我们临床医学院的男生，天天在门诊住院部收集资料、看病，晚上还要值班或者做实验，来上课都是一脸睡不好的样子。我就没见过你这样精神抖擞、一脸坏笑的，你旁边那个也是这样，我看你们是隔壁大学的吧，你们休闲自在惯了！"

我俩害羞极了，下课后逃离了医科大学。但这次丢人之行却让我明白了一件事：平日里，我觉得自己很用功，也许是个错觉。

直到今天，我在评估自己"是否把足够的时间用在工作上"时，我都要对比下我的一位临床医生朋友的作息，我大概有他三分之二的努力就算是优秀的了。

山本耀司有过一段名言："'自己'这个东西是看不见的，撞上一些别的什么，反弹回来，才会了解'自己'。所以，跟很强的东西、可怕的东西、水准很高的东西相碰撞，然后才知道'自己'是什么，这才是自我。"

和很强的、可怕的、水准很高的东西相碰撞，这样我们才能知道自己的弱点和优点在哪里，才能知道我们的情绪会被什么样的东西激惹，才能知道我们的肌肉到底能抗多大的压力，我认为这就是我们平日里很难看清的"自我"。

为什么有体育特长的人容易成功

□李稻葵

太上有立德，其次有立功，其次有立言，虽久不
废，此谓不朽。

几年前的一个场景令我至今难忘。冬天，在瑞士的达沃斯，世界经济论坛最私密的会场，最高付费大佬们的专场，一帮国际大公司的企业家轮流与一拨又一拨的国际政要以及个别学者见面。我被请去谈经济走势。

上一场刚刚结束，大家都站着交谈。我刚进门，一惊：个个都是大高个儿，身高一米七九的我几乎是最矮的！镇定了一下，我马上想到早就熟悉的事实：国际上的很多领导人，都是职业或业余运动员出身。练体育的人，以大个头为主。

的确，大多数西方人，尤其是美国领导人，都有体育方面的一技之长，有的曾经入选大学的体育代表队，有的是职业运动员出身：美国前任财长亨利·鲍尔森就曾是大学校橄榄球队的明星球员；IMF（国际货币基金组织的简称）主席拉加德曾是一名花样游泳运动员；世界著名的金融机构黑石集团的创始人苏世民，曾经是校长跑队的队员……

不仅运动员容易做出一番成就，西方的精英大学也注重培养有运动员背景的学生。我的分析是，运动员出身的人——专业运动员另说，因为他们需要有异于常人的综合条件，所以一定具备特殊的心理素质。

什么样的心理素质？

首先，运动员是懂得如何去竞争的一个群体。体育项目天生就带有竞争性，运动员身处其中，就要善于竞争，乐于竞争。

其次，运动员要懂得团队合作。即使单人项目，如乒乓球、体操、跳水、田径等，也需要团队配合。因为一个团队里有教练、营养师、陪练等，只有每个环

节都做到优异，才可能达到高水平的竞技状态。

只要人类社会存在，竞争和合作就是永恒的主题。这就是体育精神！人与人之间有竞争和合作，国家与国家之间也存在竞争和合作，单靠一项是无法取胜的。运动员身上是两者兼备的。

为什么运动员出身的人在社会中往往会脱颖而出？因为他们有难以击垮的自信心和号召力。一个能赢的团队，一定也是经历过许多逆境的团队，不可避免地有过失望、恐惧、质疑、懊恼等情绪，尤其在竞争激烈的赛场上。

在竞赛成绩落后的情况下，核心人物必须摒弃杂念，千万不能纠结在"真惨、真倒霉"的心态上，也不能妄想一举定乾坤，而是集中精力想好下一个球该如何打，才能把握赢回来的机会。这种机会往往转瞬即逝，必须保持高度集中的注意力才能捕捉到。这恰恰是一个成功者应该具备的素质。

正是因为了解运动员的这些特征，国外商学院才特别青睐有运动背景的学生。哈佛大学做过一项调研：毕业二十年后，哪些校友群体为母校捐款最多。结果出人意料，捐款最多的并不是学习最好的学生，反而是那些有校队运动员背景的学生。这些学生无论当年还是现在，都是最有集体荣誉感的。

牛津大学有个久负盛名的罗德奖学金，这项创立一百一十多年的奖学金有四项招生标准，其中一项就是喜爱体育，最好有运动成就。他们认为，这样的人往往具备优秀的心智，是值得栽培的未来领袖。

反观中国，现阶段我们的教育还是太关注孩子的学习成绩，太注重学习奥数、钢琴等。在全球化时代下，只懂得奥数，不懂得与人博弈，似乎不太能适应社会变化。

如果在孩子成绩过得去的基础上，让他们学一点儿符合身体特长的技能，多参加一些体育比赛，这将最大限度地拓展他们的心智禀赋，孩子会受益终身。

我所理解的教育

□韩 寒

> 无论是从工业化时代，还是当今的大数据时代，学校教育都有其不可撼动的地位。

我离开学校那件事情已经非常久远了，在此简单描述一下。

我小学初中学习成绩一直不错，最终以四百七十左右的总分进入了上海市松江二中。松江二中几乎是全国最美的市重点高中，《乘风破浪》里本煜拎包出狱，看见李荣浩开奔驰扬长而去的那条林荫大道就是松江二中取的景。

四百七十分在当年的中考成绩中算高分了，进入区重点高中没有问题，但离市重点还差几分，我是因为长跑获得过区级比赛的第一名，有加分，所以通过特招进了松江二中。

结果进了二中，我就变得有点中二。当年青春文学开始流行，我心想要和那些少年作家们一决高下，几乎整整一个学期在写《三重门》，荒废了听课。学期末我自以为天资聪颖，临时抱佛脚也没问题，不想高中的佛脚比较粗，抱不动，很多学科没有及格，不幸留级。

留级不是什么光荣的事，很多同学不能理解，但这绝对很羞耻。第二年高一，我觉得学校的教育不是很适合我，希望自己能去海阔天空闯荡一下。

松江二中宽厚而包容，给我办了一年的休学，告诉我如果在外面混得不好，一两年后还可以再回来。

事实上我也不能再回头了

离开学校后，各种压力和议论自然很多，我也一度迷茫。曾有人说这是"读书无用论""白卷英雄"回魂。我当然也觉得很委屈，谁说读书无用了，我在学校外学的也不比在学校里学的少呢。我庆幸退学是因为获得了我认为更好的学习环境啊。

这种警惕"读书无用论"的焦虑虽是误解，其实不无道理，当时真正的焦点在于"应试教育"和"个性发展"之间的矛盾冲突。

教育和学习这两件事本身没什么可讨论的，强的民族教育一定强，优秀的人必然爱学习，这是定论。但"一刀切"的应试教育与每个学生不同的性格特长之间如何调和，才是问题本身。

事情过去了将近二十年，我去过不少地方，也经历过很多事情，可以简单谈谈自己对于现在中国教育的看法。

现行的教育制度包括高考制度，肯定无法照顾到方方面面，也有很多需要改进之处，但没有一个制度是可以照顾到所有人的。对于大部分人来说，它有着基本的公平。

不谈每个省或者不同民族的录取分数问题，好的学校大门基本上是对所有家庭敞开的。应试教育纵然有很多待商榷之处，但它在比较长的一段时间内是必须存在的。

对于大部分普通家庭来说，根本没有必要去羡慕美国、英国的教育体系，而应该庆幸在中国。只要你够努力，还有很大概率去冲破次元壁，去到更高的地方。

在中国努力学习，努力工作，进好的大学，学更多本事，最终改变生活，改变家族命运的可能性，比在发达国家要大得多。无论你的父母从事什么工作，你只要努力读书，最终成为科学家、院士、教授、公司高层、成功商人、政府高官或优秀艺术家等，都是有着不小概率的。

那么，关于退学不退学，如果你擅长文科与艺术，觉得学校束缚了你的发展，在完成基础教育之后，你可以选择离开学校，前提是你要付出更多的努力和学习，并承受代价。伟大的羽翼必然追求自由之光辉，但因为受不了管束而退学那纯粹是懒惰。

如果你真要走上自我学习之路，我个人不建议在大学前离开学校。时代不一样了，在我退学的时代，吃鸡就是去肯德基吃原味鸡，吃瓜就是路边买个瓜吃，玩手机就是掏出你的诺基亚，把屏幕从绿色的变成橘色的。比如我，退学后，一周就要去好几次陕西南路地铁站的季风书园买书，回来看书看电影写东西远行采风，基本娱乐生活就是这样的。如果我在今天退学，八成是要荒废在打游戏和玩手机上。

如果你爱好广泛，那就好好学习天天向上，考更好的大学。

最后送大家两句话。第一，读书改变命运，知识就是力量。学习读书的确未必在学校，但学校和高考，是基本最公平和最有效率的，你要是普通家庭的孩子，更应该感谢与遵循。

第二，别以为读了书，有了点知识，有了个文凭就了不起了，这只是开始，是人生的标配。每当你觉得骄傲自满时，就去给正在上小学的小孩辅导一下作业吧，你会宁愿去复读十年的。

每一刀的敬畏

□李晓燕

惧则思，思则通微；惧则慎，慎则不败。

宋仁宗时期，洛阳有个年轻人很喜欢玉雕。他找了几位师傅学习雕刻，练习的石头也用去了一堆，但作品不是缺少灵气就是线条粗糙，不够精巧。一天，他听说来了位雕刻大师，连忙上门拜访，希望大师能为他解惑。

听完年轻人的诉说，雕刻大师问："平时你练习雕刻，都是用石头？""当然是石头。"年轻人说，"只是练习而已，何必浪费？我只有正式雕刻时，才会用玉。""从今以后，你用玉练习。"年轻人不解："练习时，半途而废是常有的事，用玉岂不是太可惜了？"

雕刻大师摇头道："你已经掌握了雕刻技巧，之所以雕刻不出满意的作品，关键在于你的态度。用石头做练习材料，固然便宜，可也正因为便宜，你每次下刀，便少了一分谨慎；而用玉做雕刻材料，虽然贵许多，可也正因为贵，你下刀之前，都会冥思苦想。这两种练习材料，哪种会使你精进呢？"大师的一席话让年轻人恍然大悟。此后，他开始用玉练习，终成为洛阳有名的雕刻大师。

有时我们做得不够好，并非因为不勤奋，而是因为缺了一份"这就是最终作品"的敬畏感。

无数次的失败之后 □曹旸旸

> 一个人在科学探索的道路上，走过弯路，犯过错误，并不是坏事，更不是什么耻辱，要在实践中勇于承认和改正错误。

我从小就有很严重的口吃，也就是结巴，说话很困难。因为从小口吃，在讲英语方面我受过打击，当众被老师和同学嘲笑。这导致我从一开始就对英语有恐惧心理，一直没有好好学习。

记得我大一的时候看英语四级卷子，基本上整张卷子都看不懂。当时我就想，如果能考过四级，拿到学位证就是万幸了。后来我决定出国留学，于是，英语就成为横在我面前最大的一座山，但我知道我必须要越过去。

于是，我每天除了上课，就在自习室和图书馆背单词，一天背七八个小时。四级词汇书被我翻了二十多遍，接着翻六级词汇，六级词汇也被我翻了二十多遍，然后是雅思词汇。这期间我为了集中注意力，强迫自己在要走神的时候或者累的时候，拿出纸来抄单词，日复一日，从未间断。就这样过了两年，我通过了四级、六级和雅思考试。我本以为一段时间的努力终于得到了回报，但没想到这仅仅是开始。

问题就出在我的口吃上面。我说中文比较慢，很多词都说不出来。这个问题也体现在英语口语上，而且更加严重。

我在开始准备雅思考试的时候，报了一个英语口语培训班，老师都是外国人。记得第一次给我做测试的是一个英国老人，操着一口浓重的威尔士口音，他人非常和善、语速很慢。但我面对他的时候，几乎一个字也说不出来，我越努力想说，就越无法张开嘴，仿佛嘴巴被封上了。

那种巨大的挫败感是大部分人无法体会的。我花了两年时间，把全部的精力都集中在英语上，明明都能听懂，也都知道该怎么说，最终却连一个小学生都不如。

这种体验就是你明明拼命学会的东西，到头来却无法使用，让人很痛苦。

虽然这种痛苦每一次开口说话时都存在，但是我决不会妥协。于是我抓住一切机会，逼自己上台演讲，和外国人说话。

因为口吃，我从小就很内向，有时候很想表达自己的观点，但是不敢上台，不敢开口说话。那段时间，我逼自己变得外向，不停地说话，就是为了克服口吃，能够把自己想说的话正常地、流利地说出来。

我也尝试过各种方法，比如唱着说、跳着说、手舞足蹈地说。我逼着自己上台用英语演讲，明明全身都在颤抖，声音也在发抖，浑身都是汗，一个单词要说很久，但是我仍然不断强迫自己走上台。尽管自己也觉得很丢脸，但是我一直都没有放弃尝试。

因为那时我只有一个信念，就是无论如何都要流利地讲英语，坚持说，哪怕只有一点点的进步。

后来我出国了，去了意大利，学习的专业是奢侈品管理，课堂上经常要做演讲。最频繁的时候一周要做三次演讲，而且经常是给合作的品牌创始人演讲。台下坐着五六十个人，还有老师。一开始开口说话仍然十分困难，我的声音都在抖。

那段时间更是感觉孤立无援，身在异国他乡，每天面对陌生的环境、陌生的人，口吃带来的无奈和失望包围着我。于是我每天冥想、跑步，每天练习第二天要演讲的内容，每天和口吃做着没有尽头的斗争。

过了几个月，我终于发现，频繁的演讲让我有的时候居然可以讲得流利了，即使无法说出口的词，我也可以马上用别的同义词，甚至用不同的语法，调整语序说出来，而且做小组作业的时候，也基本上能和外国人无障碍地沟通。同时我发现，只要内容足够吸引人，哪怕我说得再慢，人们都会耐心倾听。

后来因为有兴趣，除了完成学校的课程和作业，我开始研究数据分析，每天徜徉在数据的海洋里。当时大数据被炒得十分火热，而数据分析需要对某一行业有深入的了解，我凭着硕士阶段的学习以及和老师、一些意大利品牌的创始人的沟通和交流，发现了数据对于未来时尚行业发展的价值。

那段时间我仿佛回到了高三，每天早上五点起床，研究数据分析、文本挖掘，自学了SPSS（"统计产品与服务解决方案"软件）、R语言，搭配Excel（微软公司的办公软件）每天分析数据。统计软件导出来的图表不好看，我就运用以前学的PS做数据可视化，就这样逐渐地完善自己的一整套基于时尚行业的数据分析方法。

虽然那时候我的口吃依然存在，但是我的全部注意力已经被学习和研究的热情占据，给外国人讲解讲到激动的时候，也会忘记口吃这件事。而且，自己也开始越来越注重谈话的内容。

就这样一直到毕业。

当时，意大利还处在金融危机之后一直没有缓过来的阶段，失业率居高不下，应届毕业生的失业率是百分之七十。学校的老师也说，外国学生，尤其是英语授课的人基本上找不到工作。当时，我已经准备收拾行李回国找工作了。

但是后来，教过我的一个老师在Facebook上面给我发私信，问我要不要去他的公司工作。我的口吃虽然比刚出国的时候减轻了一点儿，但是仍然一直伴随着我，时好时坏。在一次聚会上我发现，喝酒之后我居然可以把话讲得很流利，我很看重这次机会，于是在面试之前，酒量不好的我喝掉了一整瓶啤酒，晕晕乎乎地就去面试了。

面试很顺利，没有很严重的口吃。估计面试官也被我的酒气熏得够呛，但这对于我来说已经不重要了，因为我至少把自己想表达的都顺畅地说出来了。

于是，我拥有了人生中的第一份工作，在意大利做数据分析师。在那家公司，我开发了迄今为止第一个基于社交媒体表现和用户反馈的时尚奢侈品牌排名的算法，到现在为止，整个公司还在用这个系统服务意大利的奢侈品牌。

这期间，我的口吃并没有消失，而口吃带来的痛苦和挫败感也一直伴随着我，只是我不再过多地关注它了。

我终于明白，口吃不会消失，有可能会一直伴随着我，但是我已经释然了。我不再试图克服它，而是接受它的存在，然后活出自己的样子。

生命中不能承受之"阴影"

□梁亦奇

> 所谓美好的心灵，就是能体贴万物的心，能温柔对待一草一木的心灵。唯有体会到一花一草都象征了万物的心，才能体会到人生的真意和智慧。

你人生中印象最深刻的一节课是什么？

我曾经上过两节让我害怕到差点儿崩溃的课，恨不得直接从课堂上逃走。

一次是教授为我们讲解牛的活体解剖，PPT上突然插入了一张照片，我一下子就被惊醒了。照片上是一颗牛头，弯弯曲曲的血管布满牛头，还有一对仿佛瞪着你的铜铃大眼。那是我的第一节解剖理论课，我想象过它的"残忍"，却远远高估了自己的承受能力。整堂解剖课，我的脑子里都充斥着那张触目惊心的照片。

另一节是我至今都不敢回想的解剖实验课，在解剖过蚯蚓、螯虾这些小型动物后，我们要活体解剖白羽鸡！虽然我只需要把鸡的脖子按住就行，但我的手指刚触到鸡头部的皮肤就浑身发麻。我明显感觉到手心传来的温度渐渐冷却，一条生命就这样在我的指间悄然流逝，这是我完全不能承受的"生命阴影"！

能怪谁呢？当年高考完，我的成绩超出一本线不足二十分。因为父母"非211不可"的"谕旨"，我选择了一所同学口中"211车尾"的学校，没多想就勾选了"接受调剂专业"。于是命运之手将我安排到了"动物科学"这个我一无所知的专业。

随着时间的推移，班里的其他女生渐渐适应了课程，我却完全克服不了对动物尸体的恐惧，再这样下去恐怕连毕业都成问题。我这才意识到，当初把前途轻率地交给未知的命运，对自己是多么不负责任啊！

专业的选择，只是人生旅途中的一个小插曲，却让我明白，选择要有底线，人生也是。要认清自己不能接受的是什么，然后坚决勇敢地说"不"。

自己的真相
□余秋雨

对于学者获得的成就，是恭维还是挑战？我需要的是后者，因为前者只能使人陶醉，而后者却是鞭策。

那年有十六个保安射手凑钱请伦勃朗画群像，伦勃朗觉得要把这么多人安排在一幅画中非常困难，只能设计一个情景。按照他们的身份，伦勃朗设计的情景是：似乎接到了报警，他们准备出发去查看，队长在交代任务，有人在擦枪筒，有人在扛旗帜，周围又有一些孩子在看热闹。

这幅画，就是人类艺术史上的无价珍品《夜巡》。任何一本哪怕是最简单的世界美术史，都不可能把它漏掉。

但在当时，这幅画遇上了真正的麻烦。那十六个保安射手认为没有把他们的地位摆平均，明暗、大小都不同，不仅拒绝接受，而且上诉法庭，闹得沸沸扬扬。

整个阿姆斯特丹不知有多少市民来看了这幅作品，看了都咧嘴大笑。这笑声不是来自艺术判断，而是来自对他人遭殃的兴奋。

当时亲戚朋友也给他提过，那就是再重画一幅，完全按照世人标准，让这些保安射手穿着鲜亮的服装齐齐地坐在餐桌前，餐桌上食物丰富。伦勃朗理所当然地拒绝了。那么，他就注定要面对无人买画的绝境。他还在画画，而且越画越好，却始终贫困。

直到他去世后的一百年，阿姆斯特丹才惊奇地发现，英国、法国、德国、俄国、波兰的一些著名画家，自称接受了伦勃朗的艺术濡养。

伦勃朗不就是那位被保安射手们怒骂、被全城耻笑、像乞丐般下葬的穷画家吗？一百年过去，阿姆斯特丹的记忆模糊了。

好像是在去世前一年吧，大师已经十分贫困，一天，他磨磨蹭蹭来到早年的一个学生家。学生正在画画，需要临时雇用一个形貌粗野的模特，装扮成刽子手的姿态。大师便说："我试试吧。"随手脱掉上衣，露出了多毛的胸膛……这个姿态他摆了很久，感觉不错。但谁料不小心一眼走神儿，看到了学生的画框。画框上，学生的全部笔法都是在模仿早年的自己，有些笔法又模仿得不好。

　　大师转过脸去，满眼黯然。他真后悔这一眼。

　　此刻的伦勃朗便是如此。他被学生的画笔猛然点醒，一醒却看见自己脱衣露胸像傻瓜一样站立着。更惊人的是，那个点醒自己的学生本人却没有醒，正在得意扬扬地远觑近瞄、涂色抹彩，全然忘了眼前的模特是谁。学生画完了，照市场价格付给他报酬。他收下，步履蹒跚地回家。

　　今天，他的名字用各种不同的字体装潢在大大小小的门面上，好像整个城市几百年来都为这个名字而存在，为这个名字而欢呼。但我只相信这个印在领带上的签名，那是大师用最轻微又最强韧的笔触在尘污中争辩：我是谁？

因为年轻，所以流浪

□雷佳音

> 这世上没有所谓的天才，也没有不劳而获的回报，你所看到的每个光鲜人物，其背后都付出了令人震惊的努力。

一

读那本书那年，我十五岁，在沈阳的艺校学表演。

《因为年轻，所以流浪》这本书具体写了什么，我根本不记得了。但一看到这个书名，那一年就清清楚楚地浮现在我眼前。就在那一年，我的命运彻底改变了。

初二时，有一天我回到教室，发现角落里原来放铁锹的地方多了个女孩。她是宁波人，南方姑娘，跟大辣椒一样的东北女孩完全不一样。

一下课，我们这帮北方人就围着这个女孩。她见过张信哲，去听过他的演唱会，会给只听过磁带的我们讲张信哲本人是什么样子。

二

后来，我干脆不去上课了，和4个经常逃课的哥们儿弄了个组合，叫King of Love——爱情皇帝。

我们搞来一台DV（数字摄像机的简称），跑到学校里乱拍。我还跑到菜市场去买菜、买肉，到了中午就在学校操场上支起个酒精炉涮羊肉。还四处跟人打招呼，张罗别人一起来吃。

那时候为什么这么浑呢？想想还是因为生活太平静了。

我爸妈感情好，我从小到大没见他们吵过架，对我也特别好。而我呢，也就是天天上学，天下太平。

我就觉得，怎么这么腻啊！太不牛了，太不残酷青春了。我就要逆反！我就要浑！所以那段时间就由着性子，怎么好玩怎么来。看着热闹，其实还是孤独，只不过自己不会那么想。

三

后来，艺校来招模特，我们King of Love组合集体参加。当时想的是招模特嘛，漂亮女孩肯定多。现场报名的人排成长龙，我还在排队，就被一个中年男人看中了，他对我爸说："让这个孩子跟我来学表演吧。"事后我爸告诉我，那是金鸡奖、百花奖最佳男主角获奖者吕晓禾老师。

于是我就到沈阳读艺校了。我坐火车从鞍山到沈阳。当时大巴车票涨到十三块钱了，绿皮火车是五块五毛钱，但是特别挤。

捧着鸡蛋、玉米甚至活鸡的人都赶这趟火车，我被挤得没个落脚的地儿，身上还一股馊味儿。但这些都是小事儿，到沈阳的第一感觉就是天怎么那么蓝，终于没人管我了。

我可没在意学校是幼儿园改的。窗户是新装的铝合金窗框，下面还漏着风。校园的卫生也还没打扫干净，就等着靠这第一届几百号新生来打扫，怎么看都不像是个正规学校。

我爸当时就绝望了。但我觉得特别美，开心！但很快，在艺校，我真的孤独起来。同学中很多是考不上高中的，下岗家庭的孩子也多，大人们在愁生活，顾不上孩子。

很多人就跑到街头打架，他们学表演、学舞蹈、学唱歌，只是为了打发时间，并不知道自己在干什么，也不用心。

到了晚上，有时要跟着老师和同学去夜总会走穴演出，看着台下的人喝酒、撒钱，日子就这么过去了。

四

我渐渐地开始不喜欢混着了。于是我找所有能找到的剧本看，自己编排相声、小品在那儿演，还学了即兴表演。我还去电台读广播剧，读一上午，给六七块钱，刚好够我到饭店点一盘鸡屁股吃，因为也吃不起别的肉。

到了周末，其他家在沈阳的同学都回家了，学校里就只剩我一个"小鞍山"。我在宿舍没事干，就看书，去新华书店买书，去图书馆找书。

当时正流行刘墉的书，我一读，觉得他的书跟那些名著不一样。他像个大朋友一样，就是陪我们这些年轻人说说话，语言很美，书也好读。

周末的晚上，学校会停电，突然间整个学校一片漆黑。校园里只有我，也没蜡烛，自己躺在床上，盖着被子，窝在角落里。

<h2 style="text-align:center">五</h2>

其实鞍山跟沈阳相距也就一百来公里。放现在来说，这也能叫流浪？但我那时觉得是，我愿意这么想。

在沈阳，我的鞍山口音显得太重，每次一说话大家都笑。我就每天凌晨4点起来练发音，黄昏时也练。站在学校墙根开始喊："八百标兵奔北坡，炮兵并排北边跑。炮兵怕把标兵碰，标兵怕碰炮兵炮。"

当时在我们学校旁边有一栋烂尾的高楼，成群的乌鸦都在那儿过冬。结果后来乌鸦越来越多，整个沈阳闹了一场出名的乌鸦灾。闹到什么地步呢？只要乌鸦飞过时你抬头看，整个天空都是黑的；等乌鸦飞走后，你低头看，6车道的主干道全变成白色，全是鸟粪。

但我觉得好浪漫。每到黄昏，太阳红彤彤地从远处落下，漫天都是火烧云。不知道为什么，东北总是有火烧云。

我站在学校的墙根，对着烧红的天空大喊着不知道什么意思的绕口令。远处是一座座已经停产、废弃的工厂厂房和烟囱，都蒙在了红红的纱雾里，不知道哪里还"叮叮当当"地响着敲打钢铁的声音。

每到这时，乌鸦就会"呼啦啦"地从头顶飞过，天都被盖住了。我喊着绕口令，沙子一样多的乌鸦陪着我。

当时我想的是，这场景太棒了，只有我在这里，只有我能感受这种孤独和流浪的感觉。

就在那个环境里，孤独变成了一件值得骄傲的事情。我还会自己寻找孤独，留着披肩发，抽着烟坐在学校门口，觉得自己太孤独了。我只觉得刘墉是我的朋友，齐秦也是，他们都很懂我。

三年后，我考入了上海戏剧学院。上海的生活和东北完全不同，更精致、更现代、更物质，它更像是我们现在的生活。

我还是觉得自己在流浪，但不会再享受这个过程。

我只是会想念那个充斥着打架、豪饮、勾肩搭背的东北，想念那些人和事。还有那个漫天火烧云的黄昏，在乌鸦飞过的天空下喊着绕口令、很自怜又很自强的自己。

世界很大，幸福只需一点点

　　幸福是人生永恒的主题，也是我们坚强的武器。幸福是一件简单的事情，也许在你学会爱、学着成长、成为更好的自己时，幸福就已经悄悄来临了。

村上春树：要像个傻瓜似的

口于 光

村上春树称自己是长距离跑者："今天不想跑，所
以才去跑，这才是长距离跑者的思维方式"。

村上春树是日本很有成就的作家，记者采访时问："都知道您的成就与自律
有关，可以讲讲您安排日常生活的经验吗？"

村上春树直截了当地回答："我给自己制订的生活守则是：早睡早起，不说
泄气话，不发牢骚，不找借口，每天跑十千米，每天坚持写十页，要像个傻瓜似
的。"

随后，村上春树解释说："早起早睡，就是每天四点就起床，天黑了就不再
工作，放松，休息。不说泄气话，就是要不停地给自己鼓劲，一刻也不懈怠。不
发牢骚就是保持心态阳光，积极向上，给自己美好的心理暗示。不找借口，就是
不管对错，都要坦然面对，坦然接受。每天坚持跑十千米，就是每天跑步一个小
时，雷打不动。每天坚持写十页，就是起床后尽快投入工作，写作五至六小时，
写到上午十点为止；用苹果电脑写两屏半，相当于每页四百字的稿纸十页，然后
立即停笔，不多写，也不少写。要像个傻瓜似的，就是不想不开心的事，不想烦
恼的事，吃亏怎么知道就不是得便宜？只有这样，才会更加接近快乐。"

最后的人生自白

□ ［日］佐野洋子

> 我们应当努力奋斗，有所作为。这样，我们就可以说，我们没有虚度年华，并有可能在时间的沙滩上留下足迹。

第一次治疗的时候我问医生："我还能活多长时间？"

"进安宁病房的话两年左右吧。"

"到死之前还需要花多少钱？"

"一千万日元。"

"我明白了。那么请停止化疗，也不用再做延长生命的努力，尽可能让我过普通的生活。"

"好吧。"

我是自由职业者，也没有退休金，一直担心活到九十岁可怎么办，所以我一直在一点点地攒钱。所以现在这样也很幸运啊，可以把钱都花掉。

回家的路上，我就去了附近的捷豹车代理店，指着一辆英国绿的车说："就买这辆了。"以前作为爱国主义者，就算是一时冲动，我也绝对不会买外国车的。

车买来了以后，在开车的一瞬间，突然有种感觉："啊！我这一生就是想找这样的男人，却没来得及找到。"座椅对我说："我要好好保护你。"

后来，我听说有个嫉妒我的朋友和别人说："佐野开捷豹车不合适啊。"你在说什么啊？就因为我是贫穷百姓家的孩子，我就不能开捷豹吗？我心想，如果把话说得损一点儿："你也可以买啊。你要能早点儿死，也能买一辆捷豹啊。"

刚买了一周的捷豹车，就到处是伤。我倒车入库的水平太差，况且家里的车库也太小了。

有时候突然想，如今，我已尽到所有的义务和责任，孩子也都长大成人，母亲也去世了。

我没那么热爱工作，不喜欢做的事到死也仍然不喜欢做，没有很想做的因为没有做而还不想死。当知道只剩下两年可活，折磨我十几年的抑郁症也基本消失了。真是太奇妙了。

得了癌症以后，我的人生突然充实起来，每天都过得很快乐。知道自己什么时候死，也就获得了一种自由。感谢我的父亲。想起父亲的训话，每到晚饭的时候，他都一定会训话。其中有一句是："就算自己心灵扭曲，也不去向医生求助，即使医生就在身旁。但为了治疗小拇指的伤痛，即便不远千里，人们也要去。"那时的我认为，如果自己的心灵扭曲，是发现不了别人心灵扭曲的。

父亲还有一句是："有人只读过一本书，也可以被称为专业阅者。"昨天，一个偶然的机会，我邂逅了这本书，那就是林语堂写的《生活的艺术》。我也许是中国人吧。这本书让我感触颇深，反思自己读过的书，应该为什么而活，幸亏在我死之前有缘看到了这本书。

花了几亿元去做移植脏器手术的人和伊拉克的孩子的生命并不相同。我不是惜命的人。十一岁的哥哥和四岁的弟弟，像伊拉克的孩子一样死去了。失去孩子的母亲的悲伤可能真的比地球还沉重。我并不怕死，但是我真的不希望我喜欢的朋友死去。死亡的意义并不是来自自己的死，而是来自别人的死。

别人看我总是精神饱满、心情舒畅，总会对我说："看起来你能活得最久。"这反而动摇了我对待死亡的自信，可真是一件伤脑筋的事情。

人总是自以为自己不错。虽然有些事回想起来觉得简直丢脸到家了，可我仍然认为"我的一生没有白过"。

我拜托乐乐堂一件事："能不能帮我找五个有蛸唐草图案的，这么大小的盘子？"这是我一直想用的东西，我想能在死之前，用一下自己喜欢的东西。

后来，我还买了好多漂亮的睡衣。我又买了很多想看的DVD（数字激光视盘的简称）。

我现在最喜欢的男人是摩根·弗里曼（Morgan Freeman）。我对儿子说："摩根·弗里曼总是演好人啊。"

儿子回答："他的那张脸如果演坏人才真的很可怕。"

嗯——说得对啊！

189

很多的悲伤最后都没发生

□ 烟 罗

> 失败并不可怕，可怕的是从来没有努力过，还怡
> 然自得地安慰自己，连一点点懊悔都被麻木所掩盖。

小绿还是少女的时候就很忧郁，她来自一个生活很坎坷的家庭，所以从小特别缺乏安全感。

尤其当她母亲因为遗传病四十岁就过世，而她也被检查出同样有这种遗传病后，她就一直悲观地觉得，生命就是在一天一天地走向枯萎。

思考得很多的少女，就容易具有一种同龄人少有的别致气质。小绿长得只算清秀，却得到了学校最帅的学长的喜爱。

学长约她一起上晚自习，陪她做功课，在她迟到匆匆奔过校门口的时候，利用小小职权放她过关。但是高中一毕业，小绿就去了外地读大学，立刻换掉了自己的电话号码。

她蒙着学校新发的被子哭得眼睛又红又肿。

大学校园里情侣如织，到了大三小绿还没有谈过恋爱。

暑假去打零工的时候遇到一起发传单的大男孩，大男孩是和她同龄的医学生，后来追她追得起劲。打起电话来有说不完的话，每天挑最红的苹果送来逗她开心。她想那跳动的心情应该是爱的感觉吧，即使生命短暂，是不是也应该有一次爱的机会呢？

她试着和他约会，但不久后他被她的疑神疑鬼弄得快要疯掉。

在每件事还未发生前，她就先预设好几种结果，而几种结果里必有至少一种是不幸的，然后她就会一直沉浸在那一种可能里。

然后带来很多的负能量。她敢开始，也不敢走下去，可时间一天天流淌，再

190

流淌。

日子还是得过。我们都暗暗地觉得，小绿这一生大概是悲剧了，也逐渐相信，她的病真的会带来一场中年早逝的凄然结局。

但几年以后小绿还是结婚了，是个很帅的年轻商人，对她很好，两个人如胶似漆。小绿说，她是一次去医院做例行检查的时候，遇到了他。

看病不是快乐的事，但它成了缘分。其实，这一生，我们所担心的事情，有百分之九十最后并没有发生；而发生的那百分之十，其中有一半反而成了好事。人生如梦，不醒来看不到结尾。而我们，只需要不焦躁、不放弃，闲庭信步地走下去。

提前设想那么多不快乐，把原本快乐的部分也过得苦涩，又有什么好？

有梦不怕天黑

□张芸欣

> 无论梦想怎样模糊，都潜伏在我们心底，使我们的心境永远得不到宁静，直到这些梦想成为现实为止；像种子在地下，一定要萌芽生长，伸出地面来，寻找阳光。

第一次听孙燕姿的《天黑黑》的时候，我还在上中学。那时候的我学习成绩差，脸上冒了无数颗痘痘，肥胖占据着我的身体，浑身上下简直找不出任何优点。

高一的一次考试，我考得很差。老师把没考好的同学留下来罚抄单词，我错得最多，罚抄完已经是晚上七点多了。回家的时候学校的晚自习已经开始，我害怕回去面对母亲的责骂，于是漫无目的地在马路上走着。

就在那时，在一家音像店的门口，我听到了孙燕姿的《天黑黑》。

我上中学的时候，网络远没有现在发达，连手机都是个稀罕物，要听歌只能去音像店买CD（激光唱盘）或者磁带。

一个有些低迷的声音一遍遍地唱："我的小时候，吵闹任性的时候，我的外婆总会唱歌哄我。夏天的午后，老老的歌安慰我，那首歌好像这样唱的……"

夏天的夜晚，我站在那家音像店门口，那个声音犹如天籁，洗涤了我的心灵。我好像第一次意识到，在这个黑暗的世界里并不是只有我一个人。

那时候孙燕姿刚刚出道，还没有走红，也没有太多的人关注这个满脸痘痘、瘦到干瘪的新加坡女生。音像店里播放着她的MV（一种用动态画面配合歌曲演唱的艺术形式），她坐在钢琴旁边，钢琴放在一片枯黄的草地上，一张巴掌脸、清爽的短发，像一个寂寞的精灵。

我走进音像店，柜台上趴着一个和我差不多大的男孩子，正在写作业。他抬头看向我的时候，我习惯性地低着头，不愿他看到我脸上的痘痘。

他放下手里的笔，走到我面前问我："你想买什么？"

　　我摸了摸衣服口袋，空空如也。我有些窘迫地摇了摇头："对不起，我没有钱。但是我很喜欢这首歌。"我指了指电视上正在播放的MV。

　　"这是孙燕姿的《天黑黑》。"他向我介绍，"她是新出的歌手，声音很有特点，很有磁性。"他说起这首歌，眼中是明亮的神色，和我的灰败沮丧形成鲜明的对比。

　　"如果你喜欢，这盘磁带就借给你听吧。说不定你还喜欢里面其他的歌。"他并没有嫌弃我买不起，而是从柜台里拿出一盘磁带递给我。

　　"谢谢，过两天我就还给你。"我接过那个长方形的盒子，小心翼翼地握在手里，感受着来自陌生人的温暖。

　　晚上回到家，我迫不及待地把这盘磁带放进复读机，戴着耳机在房间里听完了整盘磁带。这首歌给我那时灰暗的世界带来了一抹亮色。

　　过了几天，我准备把磁带还给他，走到音像店门口，就看到他坐在店里弹吉他。刚弹了几个音，他的父亲就走出来对着他喊："弹什么弹？还不快进去看书？"

　　他放下手里的吉他，看到站在门口的我，朝我走了过来："磁带听完了吗？喜欢哪首？"

　　"还是最喜欢《天黑黑》。"我说。

　　"有眼光，她一定会红！"男孩笃定地说。

　　那天，他和我聊了很久。他叫谭飞，在我们小城的职高上学，专业是焊工。可是他从小喜欢音乐，虽然父母都不同意他学习音乐，说他是在做白日梦，可是他才不在乎别人说什么。

　　他用自己打工赚来的钱买了吉他，在家自学；他去琴行打工，就是为了在那里偷偷学艺。他不像其他艺术生那样有家里资助，能跟全市最好的老师学习，但他对音乐的爱和付出纯粹又热烈。他让我知道只要热爱，即使贫穷也可以拥有艺术梦想。

　　从那之后，我放学只要有空就会去音像店逗留一会儿，听听最近新出的歌曲，听他讲这些音乐背后的故事。从香港歌手到台湾歌手，每一首歌的创作历程他都能娓娓道来，他说这些消息都是他从电视、报纸、杂志上看来的。聊音乐的时候，他的眼睛发着光。

　　谭飞也很喜欢《天黑黑》，他说这首歌散发着一种孤独和坚强的倔强。他还给我讲，说孙燕姿从新加坡到中国台湾发展，刚去的时候也是满脸痘痘，她的MV光是修脸上的痘痘每次都要花掉几万块钱。是音乐让她寂寞，但音乐也让她发光。

　　谭飞的梦想是成为歌手，站在万众瞩目的舞台上唱自己喜欢的歌；台下，有懂他和爱他的观众鼓掌。

　　那时候我觉得他说的话太深奥、太有哲理，我并不能完全理解。对我来说，我只希望自己高考不要考得太差，在学习之余还能写点儿自己喜欢的文字就足够了。

那个时候，我在杂志上发表了我人生中的第一篇文章，所有的人知道后都投来不可置信的目光。妈妈的表扬、同学的赞叹，让我第一次感受到因为爱好而收获的成就感，好像那个没有什么用的自己突然就变得有价值起来。也是在那时候，我才渐渐明白，梦想是一件多么伟大的事情。它会让你不再自卑，变得美好而积极。

一年后的一天，谭飞突然告诉我，他要辍学去北京做音乐。为了这件事他和家里闹得不可开交，他爸甚至要把他扫地出门，而他直接背上行李离开家，走之前到我家和我告别。

我家离火车站不远，那天我穿着拖鞋和他一起走到火车站。

我记得那是一个盛夏的夜晚，热空气扑面而来，我们两个缓缓地在街道上走着。谭飞是我送别的第一个朋友，也是我身边第一个勇敢追求自己梦想的朋友，他的勇气无疑给了我巨大的震撼。

我从口袋里拿出我积攒了半年的稿费放到他的手里。

谭飞走之前对我说："人最怕的不是失败，而是没有梦想，庸庸碌碌地过一生。"

谭飞带走了他的梦想，也让我明白了梦想的重要。后来我到上海读书、出国深造、回国工作，我都没有放弃写作这件事，哪怕在人生大大小小的路口遇到无数艰难又熬不过的时刻，我都坚持把这件事做下去。

我常常反复听《天黑黑》，这首歌仿佛有一种魔力，可以让我熬过所有的困难。坚持梦想是一件很不容易的事情，但我知道，梦想之所以伟大，并不是因为成功，而是因为热爱。

很多年后，我在新加坡的一次活动上见到孙燕姿，此时她早已经红成了亚洲巨星。清瘦的她站在台上，已经没有了少女时代的青涩，笑容里却多了一份岁月沉淀的坦然。她谈了一些自己刚开始做歌手时遇到的事情，艰难过，辛苦过，但是因为对音乐的热爱，让她走到今天。

每一个人的成功背后，都有无数的艰苦和坚持。我在那个活动散场的时候，看到了谭飞。很多年不见，我还是一眼就认出了他，他是那场活动的工作人员。我们在活动现场的喷泉旁聊了几句。他说这么多年他并没有成为一个明星，在北京的生活很艰难，他做过酒吧驻唱，还去天桥卖艺，只要和音乐有关的工作他都做。他现在还在做音乐，在北京和几个朋友办了一个幼儿艺术培训班，生活总算稳定下来。

分别后，我们带着各自的梦想继续前行，或许依旧无缘成为大红大紫的明星，或许倾尽一生也离我们最初宏大的梦想很遥远。可是正因为有了梦想，我们才在这个充满荆棘的世界里，觉得满足又快乐。

对梦想的热爱，让我们不再害怕天黑。

做一个能带来小幸福的人　／□刘　同

> 如果我们想法交朋友，就要先为别人做些事——那些需要花时间体力体贴奉献才能做到的事。

有位朋友，每当圣诞节的时候，就会偷偷地把周围人的头像下载下来，给加工个圣诞帽，再发给我们。每年都是如此。

常有人问："你那个圣诞帽好可爱，怎么加的？"然后作为他的朋友，就会有一种幸福感。还有位朋友，只要有任何好的APP，限免的APP，他都会在群里吆喝一嘴，说说这款APP好在哪里。无论有没有人下载，他都坚持干这件事情。我的手机里有了很多让人刮目相看的APP。

Jolin是顺德人，每到夏天的时候，他就会问我："同哥，要不要吃荔枝？"无论我说要或者不要，他都会说："我家那几棵荔枝树成熟了，我给你寄一箱哦。"然后我就能收到一大箱荔枝，虽然瞬间被同事分完，他又很折腾。但每年夏天都觉得有点儿不一样了。

我妈也是。

每次从老家回北京前几天，她就一个人默默地用卫生纸把土鸡蛋一个一个包好放在箱子里。她怕我回北京的路上鸡蛋会碎了。回到北京，我再一张纸一张纸地拆掉。完全能体会到我妈传递给我的所有。其实想一想，生活中会有一些人总是坚持做一些他们觉得好的事情。有时候你会觉得他们挺无聊的，但这种无聊总会突然之间让你发自内心地一笑。这种会给生活带来一些幸福感的朋友并不是很多。想起时，就觉得自己挺幸福的。做一个能接收到幸福的人，也做一个能给别人带来小幸福的人。

感觉特别特别好。

人生就是一次次破局

□古　典

当你用一个全新的词解释事情，会倒逼你用一种全新的视角去看待生活中习焉不察的事，从而获得完全不同的思考角度。

我们每个人的生活里，都面临很多"局"。

做想做的，没有收益；做能做的，没有动力。

发展不好，全力以赴；事业好了，家庭又乱；家庭稳定，身体又垮；身体好了，事业又乱了。

工作一多，没空想事；想不清楚，就更多意外；更多意外，就更忙。

一旦陷入局里来回重复，焦虑、浮躁也就相随而来。

最重要的是，在每个人自己的局里，你翻遍书也找不到标准答案。但面对困境，只能破局。人生就是一次次破局的过程。其实所谓的局，就是"系统"。

我人生第一次清晰直观地看见系统，是2015年在非洲恩戈罗保护区。这里原来是一个火山口，二十五万年前火山喷发，火山灰沉积出一片肥沃的草原。高高的火山壁像一道城墙，把这个小世界围了起来——这是一个自给自足的生态小世界，被称为"非洲的伊甸园"。

我们翻过火山壁，看到草丛里趴着很多狮子，它们懒洋洋地趴在那里，一点儿没有我在《动物世界》里看到的威猛样。几十米远处有很多斑马、羚羊在安静地吃草，相安无事。我是不是看到了假狮子？

我的向导告诉我，狮子是一种很"节能"的动物。它们大部分时间都在休息，只有在饿的时候才会追捕猎物。即使追捕，也会挑选一群猎物里面的老弱病残，这样抓起来胜算最大。狮子想的是，我要盯准跑得最慢的羚羊；羚羊想的是，我得跑得比那个瘸腿的家伙快点儿。

站在真实世界，狮子已经不是《动物世界》片头渲染的威风凛凛，非要抓住跑得最快的羚羊的英雄，它们是聪明的投机分子。

　　不过从个体角度来看，狮子还是站在了食物链顶端。但如果再拔高一个层次，从种群的角度看，狮子也许是弱者，这个种群平时依靠吃斑马中的老弱病残为生，能帮助斑马更好地进化。一旦遭遇旱灾，狮子这种繁殖能力低、吃肉很多的动物最容易灭绝。反倒是斑马种群极其强悍，吃草就能活，哪怕死去大半，只要第二年雨季来临，照样"扑通扑通"生出一大片。最彪悍的种群其实是草，就算干旱个三年，大雨一浇，整个草原全部是绿色一片。

　　从系统的角度看，狮子是不是挺可怜的，而草才是真正的强者？

　　那一瞬间，我对于狮子、斑马、草、草原有了新的理解。我想起《狼图腾》里面说的"草是大命"的说法，对于自然、生态、管理、社会……很多观点都有了新的顿悟。我突然意识到过去很多看法的单薄和肤浅——这就是系统带给人的冲击力。

　　后来我才知道，我并不是第一个有这种感觉的人。美国宇航员拉斯蒂·施韦卡特回忆自己第一次在太空看到地球——他盯着这颗悬浮在深邃太空中的蓝色美丽球体，对于世界突然有了一种从未有过的感受，他在采访中说："地球是不可分割的整体，就像我们每个人都是不可分割的整体一样。自然界（包括我们）不是由整体中的部分组成的，而是由整体中的整体组成的。所有的边界，包括国界，都是人为的。具有讽刺意味的是，我们发明了边界，最后发现自己被困其中。"

　　再回到地球，他开始投身公益和世界和平事业。

　　我们要谈一个终极的高手能力，就是"破局"的能力，也就是系统思考的能力。如果你掌握了破局能力，未来遇到更多、更新的困境，你也可以自己跃迁。

　　所谓"不识庐山真面目，只缘身在此山中"，虽然我们身边处处都是系统，却很少有人能跳出来看到。

　　高手并不是能力比我们强、智商比我们高、定力比我们好，只是因为他们思考比我们深、见识比我们广，他们看到了更大的系统。从这个角度来说，小人之小，也并不是品格的低微、智力的稀缺，而是格局之小、眼界之小和系统之小。

餐桌上摆的，是整个家的幸福

□炉　叔

> 和睦的家庭氛围是世上的一种花朵，没有东西比它更温柔，没有东西比它更优美，没有东西比它更适宜于把一家人的天性培养得坚强、正直。

国庆假期的最后一天，重温了一下《教父》。

电影里有一个细节，迈克和手下正在谈论帮派事情的时候，迈克的姐姐对着他说了一句话："父亲从来不会在餐桌上当着孩子们的面谈'生意'。"当时迈克愣了片刻，然后吩咐手下走出了房间。

为什么会这样？迈克的父亲，老教父柯里昂曾经说过一句话："不顾家的男人，不是真正的男人。"一个男人可以在外面刀光剑影，但餐桌是生活的圣地，只要你坐在家人面前，要做的就只有扮演好你慈父、好丈夫的角色，给家人温暖和幸福。

或许很多人对此不以为意，但我依然坚持——餐桌，最能看出一个家庭的温度。

———

很多年以前，我还在学校读书的时候，兼职做过一段时间的家教。

大多数时候我去到雇主家，就只有孩子和他妈妈在。在我和那个孩子交流的过程中，我发现他的性格特别内向，而且眼神总是闪烁不定，给人的感觉特别缺乏安全感。

有一次我做完家教的时候，正好他们一家三口都在，孩子爸便请我留在家里吃饭。结果我还没来得及答应，他便和孩子妈吵了起来，因为家里的餐桌上积着一层灰。

"怎么桌子这么脏？你就不知道收拾一下吗？"

"这几天我们都是在外面吃的，你嫌脏，那今天也去外面吃吧。"

于是，我们便去了附近的一家餐厅。没想到的是，开始吃饭后没多久，两个人又吵了起来。起因是小孩想吃虾，让他妈妈给剥一下，结果他妈一口回绝了："这么大的孩子了，自己剥。"孩子爸看见了，扯起嗓门儿说了句："给他剥一下能死吗？"

"能！你是亲爸，有本事你剥。"

就在两个人喋喋不休之时，我发现坐在一旁的小孩，瞪着眼睛直勾勾地看着自己的爸妈，眼里闪着泪花，但没有哭出来。

也就是从那时开始，我才明白，为什么每次我看到那个小孩，都觉得他特别怯懦——孩子的成长，最需要的是幸福的家庭氛围，而不是有人和你住在一个屋子，却没人能给你温暖。

二

我小的时候，邻居家的孩子考上了上海的大学，离家千里，半年才能回来一次。我留意到每次他们家孩子回来前两三天，叔叔阿姨就开始张罗往家里购置各种东西。等到孩子一进家门，阿姨便使出自己的十八般武艺，又是红烧肉，又是酸菜鱼……各种拿手的家常菜，一天一个样儿。

我爸妈总逗趣叔叔阿姨："这当爹妈的全跟你们一样，还不得累死啊，孩子在外面又不是吃不上饭。"

那会儿阿姨总爱回一句话，如今看来特别有哲理："米饭、小菜都是通人性的东西，一定要好好对待。"

一个在餐桌前懂得善待食物、好好吃饭的家庭一定是幸福的。

我有个亲戚，前些年做生意时赔得很惨，一家三口租住在一间三十平方米不到的房子里。吃饭的时候，只能在床上撑一张小桌子。但是他们从来没有过负面情绪，每次到了饭点，女儿就负责撑桌子，准备碗筷，他们夫妻二人盛汤的盛汤，炒菜的炒菜。那时候他们唯一的荤菜就是炒鸡蛋，吃得最多的就是白菜和土豆。尽管如此，一家人吃饭的时候总是其乐融融，互相照顾着彼此。

后来，一家人辛辛苦苦奋斗了好几年之后，不仅还完了债，女儿还考上了一所国内顶尖的政法大学。旁人都说他们家人有福气，千金散尽还复来，但我很清楚，他们的福气都是在餐桌上一点点修来的。

三

《舌尖上的中国》里有一段话：

"在这个时代，每一个人都经历了太多的苦痛和喜悦，中国人总会将苦涩藏在心里，而把幸福变成食物，呈现在四季的餐桌之上。正因此，热气腾腾的餐桌，一家人团圆，笑语满堂，推杯换盏，才会成为中国人最简单也最踏实的幸福。"

一个家庭的温度，就在餐桌之上，想要好好生活，先学会好好吃饭。

越优秀越读书

□［日］斋藤孝　译／程　亮

> 看书不能信仰而无思考，要大胆地提出问题，勤于
> 摘录资料，分析资料，找出其中的相互关系，是做学问
> 的一种方法。

　　许多企业家都喜欢读书，尤其是领导大型企业、同时身为日本财界领军人物的企业家们，均读过大量书籍。还有我经常接触的一些七八十岁的老人，他们都是活跃至今的顶级企业家，也是书虫。

　　这一现象绝非偶然。首先，企业家每天都要承受超出常人想象的巨大压力，因为他们不光要对自己和自己的亲人负责，还要对员工、客户及其家人的生活负起直接或间接的责任。他们之所以不断读书，或许正是为了承担起这份重担。

　　读书有两大好处。一来，读书不只是单纯的娱乐，它能让我们得到独处的时间，使精神恢复平衡。二来，读书能帮助企业家磨炼不可缺少的决断力和判断力。

　　当我们必须做出判断的时候，沉浸在书的世界里，能让我们跟目标对象拉开距离，这样我们才有可能做出冷静的判断。而且，书中所记载的人类的智慧，也能在很大程度上成为判断的参考，或者为我们增添勇气。从这个角度来看，企业家要是不读书，那才奇怪。

　　现在无论是工作还是私事，都存在太多选项，我们不得不时刻做出或大或小的判断。大的判断比较重要，会对日后的生活造成很大影响，例如，跳不跳槽，结不结婚，住在哪里，等等。此外还有日常琐碎的判断，诸如聚会在哪家店举办，邀请谁参加，聚会结束后去哪儿继续玩，等等。

　　很多时候，失败并非因为能力不足，而是由判断失误造成的。

　　在职业竞技体育的世界里，当实力相当的双方经过激烈对抗决出胜负后，失

败的一方常会后悔："都怪我当时选择了那个战术……"在每天的工作和交流中，一瞬间的判断失误也有可能导致严重的失败或损失。想必每个人都有过这样的经历。

反过来看，只要判断力得到足够的锻炼，我们就能顺利地与社会妥协。若将这一能力比作"刀"，则只需每天打磨，使之随时可用，而能够充当"磨刀石"的，便是读书。

此时，"情绪"会成为阻碍。譬如，有的人因判断失误而失败了，却不反省，而是强行得出以自我为中心的"结论"。诸如"我尽力了""正因为考虑到对方的情况，才选择了那样的行动""所以自己并没有错"，等等。为了照顾自己的情绪，故意弱化问题的严重程度。

如此一来，人们自然难以做出合理的判断，很可能拼尽全力，却因判断失误而毫无成果，不可谓不悲惨。

出发，去遇见更好的自己

□张国立

> 人间四月芳菲尽，山地桃花始盛开。长恨春归无觅
> 处，不知转入此中来。

　　英国女作家蕾秋·乔伊斯的新书《一个人的朝圣》，故事很简单，某个老人花了人生中宝贵的四十五年在同一家公司做事，退休后和老婆分房睡，每天无所事事，突然接到一封老同事的来信，她住在疗养院，面临癌症末期的折磨，于是他写了短短的慰问信，出门找邮筒寄出去。

　　走到第一个邮筒，他有些犹豫，凭几十个字的祝福能表达他的关心吗？随着思考，他经过一个又一个邮筒，甚至错过邮差，然后他停下打了两通电话，一通打至疗养院，要院方转告老同事："请告诉她，哈洛德·弗莱正在来看她的路上，她只要等着就好，因为我会来救她，知道吗？"

　　再打给老婆，说他要一路走去探望同事。

　　哈洛德住在英国的南部，疗养院则在苏格兰，他既未换上走路的鞋子，也没准备必要的装备，便这么往北走去。前后走了八十七天，六百英里（约一千千米）。初期还住小旅馆、吃餐厅，想到把退休金花在旅途上未免太对不起老婆，便捡了一床破睡袋，干脆风餐露宿。

　　走着走着，他发现原来以前每天开车上下班的道路如此丰富，包括风景、环境与植物。

　　"也许当你走出车门真真切切用双腿走路的时候，绵延不绝的土地并不是你看到的唯一事物。"

　　哈洛德走进他过去的人生，却有了全新的体会。

　　我以前也试着做过类似的事，上班时我的公司距离家需开车十五分钟，有时

候我则骑车。骑车途中享受小巷子、河滨的乐趣，每天走不同的路线，活了大半辈子，总算因此感受到季节的变化。

好处：逐渐熟悉这个我生长的城市，再者，无论骑车还是走路都有助于健康。

坏处：养成走出去再说的毛病。

以前出去旅行得花时间思考、选择，现在，哼哼，我对老婆说，收拾行李上网订票就出发吧。

一月过完后，我们便又出发，到日本的岛根县，正值大雪，走得当然跌跌撞撞，不过又发现另一个真理：幸福并非有其固定的标准，而是比较之后产生的。

在大雪纷飞的山道间找旅馆，好不容易找到，别说温泉，光是泡热水澡都觉得幸福。缩着脖子见路边有家卖关东煮的小店，钻过布招坐在料理台旁，每一块鱼板的甜味都胜过米其林餐厅的法国菜。走在寂静的出云大社，看着大雪罩住的庙顶，脚下的湿冷也就不觉得什么了。

放慢速度之后，恍然明白，不论多在意时间，浪费的时间还真不少，别的不说，每天光在手机上敲的字，一年下来人人都可以完成几十万字的长篇小说了。

出发吧，因为少了完美的计划，必得损失若干时间，不过为了出发而制订完美的计划，不是也挺花时间吗?

人生无从事先规划，无从以尺丈量进度，人生从出生那刻起，就只有，出发吧。

要是很久没看书，忽然想找一本看看，那就买书吧，不过三十多块，穷不了你，富不了出版社。如果怀念老妈的味道，就搭车回家，几十个热腾腾的水饺在等着你。💧

高三，一场青春的"阴谋"

□ 张　萍

> 无论你最终变成怎样的人，都要相信这些年你能一个人度过所有。当时你恐慌害怕的，最终会成为你面对这个世界的盔甲。

上高三以前，我一直是班上的风云人物。当了两年的一班之长，同学和老师都很认可我；我的学习成绩，尤其是数学成绩总是名列前茅。老师们都对我很有信心，觉得如果不出意外，我考上重点大学是板上钉钉的事情。除此之外，我时不时还会收到不少女生递过来的小字条。我在同学和老师的不断"吹捧"之下格外得意，走在校园里，我时常吹吹口哨，哼哼流行歌。"我的未来不是梦，我的心跟着希望在动……"我仿佛真的看到心仪的大学在向我招手。

进入高三之后，我们换了班主任，同时又调进了几个新同学，据说这些新同学的学习成绩都不怎么好。

李者学习成绩很差，但是篮球打得非常好，经常会叫一帮队友在自习课时偷偷溜出去打篮球。他来到我们班之后，很快就当上了体育委员。后来他又向新来的班主任提建议，说应该本着"民主"的原则，重新在班上选举班长。当时的我对此并没有太在意，因为我觉得自己此前已经在班上树立起了威信，这次选举不过是走形式，班长之位肯定还是我的。

但那次班会投票的结果让我大跌眼镜：全班四十五名同学，我只得了八票，而李者竟然得了二十八票，当上了班长。这样的结果，令我的自尊心受到了极大的打击。"难道同学们都不服我？那为什么此前我一直没有察觉出来？是我太骄傲自大了吗？"我不停地反问自己，但还是想不出个所以然来。

竞选班长失利，让我仿若从云端跌落到地上，巨大的落差让我无所适从。然而高考的达摩克利斯剑悬在头上，我只能拼命压抑自我，埋头苦学。

在这次竞选班长之后，班主任又在全班范围内进行了一次座位大调整，我因为个子较高，被分到最后一排最靠墙的一个位置。那个位置周围坐的都是一些学习成绩比较差的同学，他们经常上课说话、睡觉、看闲书，老师们很少注意到这里，同学们也只有在扔垃圾时才会跑到这边——因为我的座位后边，就是一个大垃圾桶。

这次座位调整，就像是压垮我脆弱心灵的最后一根稻草，我的月考成绩开始慢慢下滑。尽管有几位任课老师找我单独谈话，帮我分析原因，让我调整状态，但我的成绩还是越来越糟，无力感和挫败感始终萦绕在心头。

高考如约而至，我败北了。曾经在老师眼中被视为种子选手的我，却连一所普通的二本学校都没有考上。巨大的羞耻感让我整个暑假都躲在家里，闭门不出。后来，在爸妈的鼓励和老师的建议下，我选择了复读，重新开始了新一轮的高三征程。

在复读班里，我遇到了以前的同班同学，他曾经是李者的室友，那次在选举班长的班会上唱票的就是他。他告诉我，当年投票选班长时，李者做了手脚，他说："当时全班有三十张票是投你的。如果他没做手脚，班长的位置肯定还是你的。"

听到这些，我怔了很久。我曾经笃定地认为，那次落选班长是我整个高中时代的转折点，它让我从一个自信、勇敢、乐观的人，变成了一个忧郁、多疑、沉默的人。自那以后，我一直在反思自己，束缚自己。没想到，这一切都源于李者，他的一个"小动作"竟然就这样轻而易举地把我击倒了。

第二次高考，我终于如愿以偿地考入一所重点大学。经过很长一段时间，我才慢慢重拾信心。虽然在以后的漫漫人生路上，我遭遇了比这更严峻、更险恶的打击，但是年少时遭遇的这场"阴谋"，却始终印刻在我的心头，因为它告诉我，不管遇到多少风霜雨雪，你都应该拥有一颗强大的内心，能打败你的始终是你自己。

好人生，属于好主人

□王月冰

当我们历尽千辛万苦登上山顶，并不是为了欣赏全世界的风景，而是为了全世界的人看到自己，如果一直低着头，谁能看清你的脸？

多年前，在老师家中，我见到一个很有意思的人。

他也是老师的学生，和我们一样去看望老师。可是，在老师家，他就像主人一样，给我们泡茶、张罗饭菜，甚至吃完饭后，他还给年长者准备洗脸水。我们以为他和老师有特殊的亲密关系，老师却说，这是他第一次来这里，"这孩子到哪儿都像个主人，好像天生有种责任感"。老师告诉我们，这位学长家里条件并不好，学历也不算拔尖，却成功竞聘进了北京的一家知名公司。"应该是他这种'主人翁精神'帮了他。"

我后来去北京，拜访了这位学长。那时，他还租住在一间破旧的房子里，忙着装修，从二手市场淘了些旧家具改装，买来油漆自己刷墙。我说："租的房子你还这么认真呀？"

他说："我住在这儿，那我至少现在是房子的主人，当然要把它打扮得漂亮些。"

经过一段时间的交往，我渐渐发现，学长不只是出租屋的"主人"，他也是很多地方的"主人"——坐公交车他会捡起别人丢在地上的纸屑；走在路上看到塞车，他会跑过去指挥车辆维持秩序；办公楼的电梯出了故障，他去报修……

对于他在职的那家公司，他更是"主人"。公司的一切事情，似乎都与他有关。在外面看到凡是能与他的公司扯上点儿关系的信息，他都详细记下来。

有一次下大雨，我和他在外面吃饭，他居然急忙丢下饭碗跑去公司楼下，只为看一下公司的窗户是否关好了。我说："你又不是公司的老板，何必这么上

—208—

心？"他说："我在这儿工作，就是这儿的主人呀！"

上个星期我去老师那儿，老师告诉我，"主人翁学长"现在已是那家公司的副总了，还拥有了不少股份。我点头，心想，他现在是公司名副其实的主人了。

面对同一件事，被动还是主动，做客人还是做主人，均在一念之间。可观念不同，做事的心情与效率也大相径庭。如果面对一切都把自己当成路人，便只能永远烦躁地奔波在路上了。

好人生，属于好主人。

长得好看的代价   □蒋方舟

从一定意义上讲，美好的容貌是一张通行证。不过这张通行证，可以使人上天堂，也可以使人下地狱。

去年的这个时候，我去了一趟北京电影学院。回想起那个下午，就像《百年孤独》的开头——多年以后，我老得五官难辨四肢瘫软，还会回忆起我在北影看美人的那个遥远的下午。

我像土猴一样蹲在地上，仰头看着各式各款美人从我面前走过：有的长发及腰，靥笑春桃；有的帅气清俊，严正方冷。我自卑得冷汗出了一身又一身，最后甚至不敢抬头看，只听得北影美人们脚步铮响，宇宙发飙。

我的记忆把那个下午渲染得太过魔幻，但我绝没有夸大我受到的震撼。我去北影是为了找高中同学，她当年也是风云人物，是市电视台的少儿主持人，走在街上会一路被小朋友当街扑倒，擅长琵琶古筝小提琴，大白萝卜上钻几个眼也能吹出个曲子在学校晚会上表演。

在北影的校园，当她远远朝我走过来，环绕了好多年的雾障光圈忽然褪去，我才发现她矮小蜡黄，一见到我，她立刻自我保护式地警觉笑道："怎么样怎么样，我们学校好看的人多吧？"

我点头，对于艺术生来说，好看的标准如此高，令我震惊，照《红楼梦》的说法："我们这些人，越发该睡到马圈里去了。"

我还记得高三的时候，考生们毅然分成"蹉跎走形"型以及"光鲜洋气"型，后者都是艺术院校的考生，阳光明媚的下午，艺考生们穿着紧身练功服翩然从教室窗口走过，我们做题做得面如死灰，羡慕地看着他们，心想，长得好看真好。他们一生中最重要的工作，出生的时候已经完成了，那就是漂亮。

而现在我才知道，长得好看并不是命运的大赦，偏心地网开一面。像我们这种长得难看的人，年轻的时候搔首弄姿过一气，不多久就缴械投降了，而生得美的人，一降生就被迫加入了一场关于美貌的角逐。弃权不了，认输不成，尽头不见，只能一圈一圈地卖力跑。长得好看的代价之一，就是必须长得更好看。

　　对于艺术院校的学生来说，长得好看的代价还不止于此。

　　我有一个亲戚的孩子，是个比我小四五岁的男孩子，剑眉星目却自有娇嗔气，天生一张小生脸，妩媚地成长在一座灰扑扑的小城市。前段时间，我才知道他要考艺术院校，当明星。

　　他气喘吁吁地说："姐姐姐姐，我告诉你我告诉你，考艺术院校都是有潜规则的，潜规则你知道吧？必须报某某的班，必须一节课要交多少钱，必须认识某某某……你懂的。"

　　我看他脸颊激动得红扑扑，分明还是一张孩子脸，却向我展示着社会最隐蔽吊诡的血管，我一直知道长得好看的人有另外一个次元的世界，却不知道是一个充满荆棘、更艰险的世界，不仅要熟知种种捷径陷阱，还要时刻做好义无反顾牺牲的准备，近乎冷笑着的悲壮。

　　"只因为长得好看啊。"我看着坐在我对面，即将报考院校的明日之星，简直要化嫉妒为同情。只因为长得好看，却不能依仗着美而放任着无知，反而要明白更多的丑恶与复杂。

　　从前，我们总是听说星探的故事，长得好看的人吃根冰棍都能被发掘而闻名世界，这样的故事已经古老地尘封进黑白电影，美人们不再飘零流落，而在青春到来之前就被集中成了长长的队伍，他们年轻美好的脸忧心忡忡，引颈等着看艺术院校的发榜，为他们的美貌焦虑地寻找出路。

味道

□代连华

> 家就是城堡，即使是国王，不经邀请也不能擅自入内。所谓幸福的家庭不是物质上的丰富，乃是充满"爱""了解"和"适应新环境的能力"的家庭。

小区一楼住着一对夫妇，生活极有规律。晨起锻炼身体，晚上去广场散步，生活简单随意。因为房屋临街，夫妻俩喜欢敞开房门，坐在那里看书、品茶，或是悠闲地看着过往行人。

每当屋子里飘出美食的味道，就能猜出他们的儿子回来了。那男孩大学毕业后，一直在外地工作，平时极少回来。儿子回来的时候，也是夫妻俩最忙碌的时候，每天往返于菜市场和家之间，仿佛要把世间美味全部做给儿子吃。

小小的房子里，总是传出香喷喷的味道。有时路过门前，我会开玩笑地说："今天是炖鱼吧！离好远就能闻得到呢。"女主人笑着说："是呢，尝尝吧，味道很鲜美。"几天后，儿子走了，没有了香喷喷的味道，房间又恢复平静，夫妻俩又开始了简单规律的生活。

爱是有味道的，虽然美味佳肴在哪里都能吃得到，但是出自父母手里，却别有一番风味。

有位朋友不喜欢吸烟，但每次回到乡下，闻着那熟悉的廉价烟叶的味道，就会想起他的父亲。

那时生活贫穷，为了供他读书，家里一直捉襟见肘。他每次回家取生活费，父亲都会犯愁，但从不让他分心。昏暗的灯光下，父亲吸着长长的烟袋锅，伴随着袅袅青烟，有轻轻的叹息声。

他劝道："爸，别抽烟了，对身体不好，家里实在没钱，我就不读书了。"父亲笑着说："吸烟是为了给你驱蚊子，你不要有顾虑，好好学习才是正事，生活嘛，没有过不去的坎儿。"父亲轻描淡写，他早已泪湿枕边。

朋友说，艰难岁月里，父亲努力地支撑着家，面对困难父亲从不说苦。古人解忧，唯有杜康；父亲解忧，却只能吸烟。父亲的身上充斥着浓浓的烟味，隔老远都能闻到，那时心里极不喜欢，当父亲离开人世，才惊觉内心深处是如此留恋一种味道。

有一次坐长途火车出行，坐在我对面的是一对老夫妇，他们很紧张地抱着一个塑料袋不松手，奇怪的举动引起乘警注意，便要求他们把袋子打开，老夫妇摇头不肯。乘警越发觉得可疑，强行打开塑料袋，一股浓浓的酸味弥漫开来，袋里竟然装着几棵酸白菜。原来他们是去看儿子，而儿子在家时最喜欢吃酸菜，为怕味道传开，老夫妇包裹了好多层。

那次旅行沿途风景早已忘记，而行程千里抱着酸菜的老夫妇，却停留在记忆里。酸酸的是爱的味道。

生活中只要用心去品味，总能发觉爱的味道，那味道弥漫在岁月里，足以温暖苍凉的人生。

蛇为什么爬不上方形电杆

□汪金友

> 君子敬而无失，与人恭而有礼，四海之内皆兄弟
> 也。言忠信，行笃敬，虽蛮貊之邦，行矣。言不忠信，
> 行不笃敬，虽州里，行乎哉？

近日去泰国旅游，发现一个奇特的现象，这里所有的电线杆，都是方形的。据说，这也是泰国的一大特色。人们不免好奇，为什么不用圆形而用方形呢？原来，这与蛇有关。听导游介绍，过去泰国的电线杆也是圆形的，但由于经常有蛇爬上电线杆，导致电路中断，于是就换成了方形。

泰国地处热带季风气候，终年炎热，四季如夏，也是一个多蛇的国家。现在的新曼谷国际机场，就又称为"眼镜蛇机场"。因为在修建这个机场的时候，挖地三尺，发现到处都是眼镜蛇。

泰国的专家经过研究，发现毒蛇攀爬圆形的柱子非常容易，但无法攀爬方形的柱子。为此，泰国的政府便做出决定，全国的电线杆，统一用方形，而且从那以后，很少再出现蛇爬电线杆引起供电中断的现象。

这是一个很有意思的问题，为什么换了方形的电线杆，蛇就爬不上去了？按说，方形有棱有角，攀爬起来不是更容易吗？可能，这与蛇的运动原理和爬行方式有关。它们可以用自己柔软的身体，攀附在圆形的电线杆上，然后再用全身之力，向上攀爬。如果换成方形，它们身体的大部分都会悬空，只能把四个着力点放在四个棱角上。这样，就使不上浑身的力气了。而且四个棱角，会把它们刺得很疼，爬不了两步，就要摔下来。

我突然想到，没棱角就好爬，有棱角就不好爬。在我们的社会生活中，是不是也存在这样一种现象？首先，是有一些像电线杆一样的人，高高地矗立在自己的岗位上。他们的手里，掌握着各种各样的权力和财富。其次，是有一些像蛇一

样的人，或者眼镜蛇，或者美女蛇，或者其他的蛇，总想找到一根电线杆，然后攀附着爬上去，得到更大的利益，看到更多的风景。

这些象征着权力和地位的电线杆，也分为两种，一种是圆形的，处事圆滑，没有棱角，非常适于蛇类攀爬；一种是方形的，为人刚正，棱角分明，遇到什么样的风浪和诱惑都不屈服。

比如，汉代的南阳太守羊续，有下属给他送鱼，他就把这条鱼挂在大门上，让所有人都知道，这是谁送的鱼，自己坚决不收礼。还有南北朝时的中书舍人顾协，一位门生为了升官给他送礼，顾协当场发怒，让人把这个门生重打二十大板。

有权力的地方就有攀附，而且每一种攀附，都让被攀附者感到舒服。只是风雨袭来的时候，也会加快倒塌的速度。所以为官者保持棱角，也能提高安全系数。

但保持棱角，也要有度，不然就会影响自己的进步。有一幅漫画，画中的五个人，一个推着一个圆球，走在他人的前边，其他四个人各推一个方块，既费力，走得又慢。这幅漫画的标题是"把自己的棱角磨掉，就会好走一些"。棱角虽然不利于蛇类攀附，但对自己的前进确有影响，而且越是竞争激烈、关系复杂的圈子，就越容不得棱角。为此，便有不少人把磨平自己的棱角，看成是一种老练和成熟。

也有很多人在保持自己的棱角。前不久和一个朋友聊天，他就讲："我喜欢我的每一个棱角，每一个都不希望被磨平，哪怕受伤流血。"因为每一个棱角，都能映衬出陡峭的人生，体现出真实的自己。

会点餐的人，日子过得都不会太差

□槽 值

> 世上人人都在寻找快乐，但是只有一个确实有效的
> 方法，那就是控制你的思想。快乐不在乎外界的情况，
> 而是依靠内心的情况。

记得电影《我的少女时代》里，大魔王徐太宇蹂躏林真心的手段之一，就是命令林真心去点餐。

每次林真心替徐太宇点完菜，老板娘的白眼都要翻到天上去。

"老板娘，我要一碗麻酱面。麻酱跟面，它们不可以放在一起，要分开。然后卤肉饭不要肥肉也不要瘦肉，要半肥半瘦。然后青菜豆腐汤，不要葱花，也不要打成蛋花。"

电影不是在夸大，生活中真的有这样口味刁钻又挑剔的人。

和这样的人一起吃饭点菜，首先你要有强大的记忆力，记住对方的喜好；其次你要有足够强大的内心，应付服务员微笑背后抛过来的冷刀。

正所谓众口难调，一群人吃饭的时候，作为点餐的人，记住小张吃香辣不吃麻辣；小李最近打狂犬病疫苗，压根儿不能吃辣；小王是个素食主义者……真的不是一件容易的事。更可气的是碰到有的人嘴上说"随便，吃什么都行"，菜一上来又嫌这嫌那，唠叨不停。

作为点菜人，能做到不顾此失彼，又能面面俱到，勇于背上"这顿没吃好全赖菜点得不好"的黑锅，淡定地做到"好气哦，但还是要保持微笑"，还是要靠修炼的。

和中国人在一起点菜吃饭之难还在于，我们有各种各样的讲究。

至今，小时候看的《激情燃烧的岁月》中有一个片段还让我印象深刻。褚琴在石光荣的老乡们回乡的那顿饭上做了面条，惹得乡下来的客人们十分不开心，

蘑菇屯的老乡抱怨褚琴不懂规矩，送行不煮饺子煮面条，认为送行饭吃面条的寓意是希望别人越走越远，不要再来。

如果你认为会点菜的人，一定是个吃货，那你可就大错特错了。

"会点菜的吃货"是他们的保护色，实际上，他们才是隐藏在人群中的"心机婊"。

《红楼梦》里，林黛玉再怎么博得宝玉怜爱，最后长辈们还是选中了会察言观色的宝钗。

薛宝钗善于察言观色，从她在寿宴上为贾母点菜的细节就可见一斑。深知贾母喜好甜烂食物，就按照贾母的喜好来点。在懂得如此手段的人面前，林黛玉再会作诗，战斗力也是零。

可是偏偏人们都爱和"会点菜的人"相处，相反，那些对待吃饭这件事情随意的人，往往得不到什么加分。

和别人约饭，从定地点，到定菜式，无一不显示出对方对你的尊重和重视程度。

记得有一次和朋友约饭，对方定了地点，我倒了三趟地铁辗转到达那里的时候，发现这家饭店门口贴着"本店出兑"，气不打一处来，深感对方对自己的不重视，连朋友都不想做了。

知道朋友今天来例假，身体不舒服，饭后甜点还点冰沙；知道同事今天牙龈肿，还吵吵着要吃重庆火锅，这些都是没有眼力见儿大减分的行径。

一个人的点餐风格就是一个人的性格和处事作风的真实写照。

有的人打肿脸充胖子，点菜的时候狂呼"不差钱"，结果点了一桌菜只有一个肉菜，这样的人多是咋咋呼呼，外强中干型的。

点了半天菜，结果发现一桌子菜里既有干锅土豆片，又有炖土豆，还有地三鲜，这样的人多是做事欠考虑，没有大局观的。

安排数十人聚会，却订了长桌吃自助，一顿饭吃得像在市场买菜，每个人都得喊着才能让别人听清自己说的话，这样的人多是没有生活经验和思虑欠妥的。

你以为这些没什么，然而，你的领导、你的同事都在心里默默给你打了分。

一个人不会点菜，在职场吃瘪，在婚恋市场上同样是减分项。

因为点餐最能显示出你是否考虑对方的感受，在金钱上是否大方，这都事关今后的生活中两个人的相处模式。

在法国的一些米其林三星餐厅就餐时，服务员通常会拿上两份菜单，标有价钱的一份是男士的，没标价钱的是女士的。这样做主要是为了女士能够不受价格影响选择自己喜欢的菜肴，而买单的事情则交给男士就好。

虽然如今很多都市女性都很独立，不需要仰仗男士请客，但是遇到点一道"法式蜗牛"就说你物质的男士，估计很难收到"下次见"的邀约了。

在知乎上，有一个关注度很高的提问："初次跟女生吃牛排时，女生对服务员说要八分熟，应该说些什么来化解尴尬？"

题主之所以说尴尬是因为牛排一般没有偶数熟的，他大概觉得在服务员面前，女生这么说很丢面子。

下面的回复几乎没有一条是认真帮助题主解答问题，多是在讽刺题主在此时表现出来的好面子和低情商。

一条获得了一万四千个赞同的回答是："我也要八分熟的。"

高情商和低情商的对比如此清晰。

有人说，喜欢你就是和你在一起吃很多很多的饭。

他点的菜你都爱吃，他点的都是你爱吃的菜。另一半无论能做到哪一点，我相信你们都会是很幸福的伴侣。

会点餐的人都自带"光环"，让人忍不住好感度飙升。

会点餐，说明你热爱生活，会吃会玩儿，人设中带有这个属性，自然就会吸引很多朋友。

会点餐，说明你为人不自私，总是设身处地考虑别人的感受。吃火锅的时候，你是那个点菜下菜的人，而不是那个一直往碗里夹，只顾得上问肉熟没熟的自私鬼。

会点餐，说明你为人不被动，喜欢主动承担和参与，热爱社交。

这样会点餐的人，最后日子过得都不会太差。

原来酱紫 / □ 许 骥

> 想要培养勇气，多做你所恐惧的事，一直到积累了许多成功的经验。这是目前所克服恐惧最快、最有效的方法。

以前读小学的时候，那种为了考试的制式教育令人窒息。对于考试成绩不好的学生（比如我），老师真是变态得不行，动不动就体罚，还要我整堂课蹲马步。我都计划好了，等长大了就好好报复老师。当然，后来我没这么做。

奇怪的是，等我成年再见到这位在我"死亡名录"上的老师时，却发现他是个不错的人：和善、健谈，学问也好。而一转眼，他对学生的态度立刻原形毕露，和当年对我一模一样。

我终于知道，原来所谓的态度，只是就特定的关系而言的。等你们不再是师生关系，他没理由再那样对你。所以，世界上没有坏人，只有坏的关系。对你坏的那个人，又何尝不是坏的关系的受害者？

世界散落一地，我们无端被丢入其中，成为世界的一部分。我们从小接受教育，建构起对世界的认知。不断地阅读和思考，就是要将原有的认知解构重组。而每次把这个世界重组，我心中都会迸出四个字：原来酱紫。

你有没有想过和别人灵魂互换

□韩大茄

　　成功人际交往的第一个秘诀是：请对方帮一个忙；第二个秘诀：真诚地赞美他人；第三个秘诀：尽量满足他人的需要。

　　小时候，我很羡慕堂哥，总觉得，如果我能和他灵魂对调就好了。

　　堂哥家是开副食店的。他家的货架上摆满了小浣熊干脆面和各种辣条，每一个都在对我释放着致命的吸引力。

　　但堂哥看着辣条都是一副毫无兴趣的样子，像我看到书一样。在我还对零食馋到不行的时候，他就似乎已经看淡了这一切，就像那时的我已经不屑于和四五岁的孩子一起玩泥巴了一样。我觉得，他生活在一种更"高级"的日子里，如果我是他该有多好。

　　年纪大一点儿之后，我发现零食对于我已经没有那么强的诱惑力了，就开始羡慕班上一个叫秀伟的同学。秀伟个子高大，没人敢欺负他。他长得就像动画片里的胖虎，大家都不敢随便开他玩笑。到了四年级后，连六年级的家伙都怵他三分。

　　每当我被人欺负的时候，我都幻想自己如果是他就好了，肯定能把别人揍得满地找牙。后来我进入中学后，发现人与人之间的关系突然变得没有那么简单粗暴了。没有谁怕谁，也没有谁会觉得个子大就很耀眼。最重要的是我也长高了，但我并没有发现上层的空气要清新多少。

　　那时候我最嫉妒的是学校里那些受女生欢迎的男生。不谈其他的，光是能镇定自若地和各种女生说话聊天这一点，就足够让我惊叹了。

　　我尝试融入这样一群"高手"的圈子，成为其中一员。首先，我要从外表开始打造起，剪平头以外的发型，穿印有大大品牌商标的衣服。其次，要提高自身的技能，不一定要多实用，至少拿出来要好看。投篮不管准不准，一定要后仰。骑车技术不管好不好，一定用单手，能脱手当然最好。玩乐器一定要玩有范儿的，流行乐手玩什么我就玩什么。

我以为我的人生就要这样"潇洒"下去了。直到后来看到一些成功的校友的返校演讲后，我才发现，笑到最后的终究还是那些学霸，那些当年风光无限的"高手"一走出校园，大都迅速陨落，活得蝇营狗苟。

当我明白了这些之后，我并没有因此开始羡慕学霸，因为那个时候，我恰巧就是学霸。

我觉得眼前的生活毫无意思，身边的人似乎也并不比我强多少。我开始羡慕大学生活，羡慕传说中的自由自在。

直到上了大学后，我才发现这种自由自在并没有想象中那么美好，充斥内心的更多的是无聊和荒度。那时候，我又开始羡慕上班族，羡慕他们可以自己赚钱自己花，可以不用靠别人养活着，可以自主选择自己的人生，可以不断努力为梦想拼搏。

真正上班后，我渴望一份做起来有余力的工作，可以给自己留一点儿私人空间。我发现我无论活在什么年岁里、什么处境里，总会有一个"想要的生活"横亘在我面前，让我很羡慕，让我想要马上去体验。可往往当我费尽心力真正实现了这些"想要的生活"后，又发现其实不过尔尔，又有更高级别的"好生活"在吸引着我，让只能逗留在此时的我郁郁寡欢。让我觉得沮丧的是，这件事没有终点，永无止境。

我们渴望的既可能是别人的生活，也可能是自己永远都回不去的曾经。

离别课 / □熊德启

原本以为对彼此那么重要的，甚至肩负所谓责任的人，在顷刻之间就能转身离去，成为一个完全不相干的陌生人。

我一直认为，在所有的人际关系中，"师生"这一关系是最玄妙的。它让人们在一段特定的时间里如胶似漆，几乎要相互占有；同时又明知彼此之间本无瓜葛，终有一日要各自天涯，不过是擦肩的路人。时如父子，时如君臣，时如兄弟，时如朋友。就这么默契地相处着，偶尔坦诚，偶尔疏离，时近时远，在亲密之中拿捏着一种可以随时抽身的微妙尺度。

在我所有的老师里，有两位是很特别的，他们用离别来上课。

高中三年，我竟然有过三个班主任。第一个班主任是一个年轻的帅小伙，物理老师。他喜欢打乒乓球，常常在午休时间无视学校的规定，带着我们一块儿打球，以至于我们班的乒乓球平均水平在高中三年都称霸全校。

这位年轻的班主任坚信，要与学生做朋友。他会听班上的"古惑仔"讲自己在外打架的故事，甚至陪失恋的男生通宵聊天。可以预见，我们班在高一的一整年里欢声笑语，同时成绩惨淡，除了物理。几乎是"理所当然"地，他第一次当班主任的生涯只持续了一年便匆匆结束。

高二开学，大帐里来了新帅，也是物理老师，我们叫他老王。老王很有领导气派，膀大腰圆，裤腰提过肚脐，一口固执的乡音，头发不多，但总是梳得很整齐。他接手的时候，我们班成绩惨淡，虽有几个学霸级别的同学撑场，但班里第二十名的成绩在别的班只能排到三四十名。

这个数据是老王第一天走进教室的时候告诉我们的，毕竟是"老江湖"，一段开场白慷慨激昂，听得大家热血沸腾。为了提升全班同学在年级上的排名，老王制定了一套简单粗暴的战略，他在教室后墙上贴了四个大字：物有所归。他让学霸自我提升，让那些他认定毫无希望的"学渣"自生自灭，把"枪口"对准了像我一样的大多数人，隔三岔五地谈话：你要发奋，你要进步。

他不仅找学生谈话，还找代课老师谈话，找家长谈话。谈话内容大概就是，他觉得某个同学如果能在这门课上有所突破，那可是大有可为，很可能进入年级前一百名，抑或摆脱年级后一百名。我们对他没什么不满，也没太多喜爱，因为除了"老王"这两个字，他几乎与人类历史上的每一个班主任一样，是从事这个职业的人应该有的样子。

到高二后期，在老王的努力之下，我们班的年级排名略微提升了一点儿。

暑假前的班会上，老王又发表了慷慨激昂的讲话，他大手一挥，稀少的头发随风飘动，台下掌声雷动。走出教室，将帅一心，众志成城，誓要在那个传说"决定人生"的高三杀出一条血路。

高三前的暑假时间很短，没过多久便开学了。开学第一天，全班同学在教室里等了一上午，老王没有来。直到中午，教导处的老师才匆匆前来向我们告知缘由。我们的班主任、物理老师老王，在高三开学前两天辞职了。

一周过去，我们班没有班主任，物理课由不同的老师代上，我们成了没人管的"野孩子"。走廊里流传着一则小道消息，说我们班所有的科任老师里，乃至整个高三的老师里，没有一个愿意来当我们的班主任。若是换成已经历诸多世故的大人，这件事情或许不难理解。一个成绩不好的班级，班主任自然也不是什么光荣轻松的位置，没什么好责备的。但对于只有十七八岁的我们来说，这是人生中第一次被彻底地遗弃。突如其来，毫无缘由。

这种遗弃与打乒乓球不同，它不是什么可以被使用的技能，也看不出什么实际的作用。它是隐性的，埋藏在每个人最深层的基因里，从此成了各自的一部分，如影随形。原本以为对彼此那么重要的甚至肩负所谓责任的人，在顷刻之间就能转身离去，成为一个完全不相干的陌生人。这种逆转不像日夜交替，不像季节变换，它发生在毫无预兆的刹那间。哪怕去采访当事人，大概也说不出什么具体的原因。

没多久，全校最年轻的女老师成了我们的新班主任，新官上任，一切回到正轨，就好像老王这个人从未出现过。我们班的高考成绩并不算理想，但没有人再提起老王。我不知道我的同学是否也像我一样，会在某个夜里忽然想起老王，细细琢磨他为何离去，再得出些真实而残忍的结论，留给自己慢慢消化。我的物理老师老王，在我的十七岁，用自己的诀别给我们上了最宝贵的一课。

没有谁必须留在谁的身边，因为离别才是人生的常态。

哈佛七十六年跟踪七百人一生：
什么样的人活得更幸福

□佚 名

> 现实生活中有些人之所以会出现交际障碍，就是因为他们不懂得忘记一个重要的原则：让他人感到自己重要。

1938年，时任哈佛大学卫生系主任的博克教授提出了一项研究计划：追踪一批人从青少年到人生终结，关注他们的高低转折，记录他们的状态境遇，最终将他们的一生转化为一个答案：什么样的人，最可能获得人生的幸福？

这个计划选定的追踪对象，全部是当时哈佛大学的精英本科生。迄今为止，这个项目，已经持续了七十多个年头。相关负责人更替到了第四代。

这七百多名男性可谓是"史上被研究得最透彻的一群小白鼠"，他们经历了二战、经济萧条、经济复苏、金融海啸……他们结婚、离婚、升职、当选、失败、东山再起、一蹶不振……有人顺利退休安度晚年，有人自毁健康早早夭亡。

这里面包括形形色色的人，也记录了形形色色的人生。其中有不知名的商贩走卒，也有后来成为民权运动家的领袖，甚至还有国会议员，和一名总统，那个人就是大名鼎鼎的肯尼迪。

那么，七十多年来，几十万页的访谈资料和医疗记录，最终给了人们怎样的启发呢？哈佛大学告诉我们：只有好的社会关系，才能让我们幸福、开心。好的社会关系，总的来说体现在三个方面。

首先，孤独寂寞是有害健康的。那些跟家庭成员更亲近的人、更爱与朋友邻居交往的人，会比那些不善交际、离群索居的人，更快乐，更健康，更长寿。那些"被孤立"的人，等他们人到中年时，健康状况下降得更快，大脑功能下降得更快，也没那么长寿。

其次，关系的质量比数量重要。有多少朋友、是否结婚，这都不是最关键的决定因素。最让人感到受伤和不幸的，是人生中的龃龉、争吵和冷战。互相伤害、没有爱情的婚姻，带来的危害比离婚更加致命。

再者，好的人际关系，可以保护我们的大脑。统计表明，那些无法信任另一半的人，身体很快就会走下坡路。当然，幸福的婚姻并不意味着从不拌嘴。有些夫妻，八九十岁了，还天天斗嘴，但只要他们坚信，在关键时刻能依赖对方，那这些争吵顶多只是生活的调味剂。

除此之外，还有一些结论，可以为我们带来启发：智力水平在一百一十至一百一十五的人与一百五十以上的人，在收入上没有明显差别；儿童时代受到良好母爱关怀的人，比没有母亲关怀的人，每年多赚约八千美元；孩提时代和母亲关系差的人，年老后更有可能患阿尔茨海默病；在职业生涯的后期，一个人儿童时代和母亲的关系，与他们的工作效率正相关；童年受到父爱关怀的人，成年后的焦虑较少。

五种让人不开心的思维模式

□ 咯　咯

> 我们每个人对这个世界的体验都加了一层自己的滤
> 镜——每个人体会到的都是主观的世界。而这个滤镜，
> 其实是我们的一种认知思维模式。

一、非黑即白、两极化的思维模式

具有非黑即白、两极化思维模式的人，会常常感到困惑。对于这些人来说，只要自己做不到百分之百的完美，那自己就是一个完全的loser（失败者）。曾经多年的好朋友有一次自私的举动，他们就会困惑这个人是不是自己的好友。

拥有这种思维模式的人，他们的人际关系容易很激烈。看问题过于极端，且常常因为极端的认知做出极端的行动，反而进一步推动了关系的恶化。

二、自动过滤的思维模式

有这种思维模式的人，在各种事件、场合中都只关注那些负面的部分，自动"过滤"那些好的地方。比如，在一次演讲中，完全忽略了那些热烈的掌声和观众积极的互动，只注意到自己在某个地方说错了词。这并不是说他们理性上无法理解有好事存在，而是尽管知道有些部分是正面的，情绪仍然只能沉浸于不好的部分中。

三、过度概化的思维模式

有这种思维模式的人，会基于自己某一次或几次的负面经验，得出非常泛化的结论，认为那些发生过一两次的坏事一定会再发生。比如受到了一个人的拒绝，就觉得自己完全不讨人喜欢，一定不会被别人接受，会孤独终老。而当过度概括达到一种极端的程度时，人们就会给自己贴标签："我就是没有办法追求自

己喜欢的人。"把一些负面经历，过度概化成了宿命的时候，心情自然就不会好了。相反那些思维模式更积极的人则会认为，我只是这几次运气不好，我不会一直这样，未来一定有好事发生。

四、"应该"构想

用"应该……"和"必须……"来激励自己和要求他人，常常容易适得其反。患有这种"必须强迫症"的人，他们对事物有着非常刻板化的期望，觉得必须如何如何才是好的，或者原本就应该是什么什么样的。这种刻板化的期望，让一切脱离他们掌控的细节都变成了缺陷。

当他们没有达到自己的"应该"时，他们会讨厌自己，感到羞耻和内疚。当他人没有达到他们对他的"应该"构想时（这种情况常常发生），他们也会感到痛苦，并因为坚信自己是对的而愤懑不平，比如朋友应该这样做、父母应该那样做、我必须成为什么样的人，等等。他们没有学会接受生活的馈赠，尝试每一种出乎意料的快乐——快乐的方式远不止一种。

五、情绪化的推理

有"情绪化的推理"这种思维模式的人，会把自己的情绪反应当作"一件事是真的"的证明。他们不以理性的规律，而是以变化不断的情绪体验来认识世界。比如，一个人感觉自己很丑，他就把这种感觉当成"我果然是个丑八怪"的证据。一个人觉得自己不受欢迎，因此开始逃避人群，事实上别人并没有表现出不友好的迹象。

一个生命里的两份重量

□郭路瑶

> 世上人人都在寻找快乐，但是只有一个确实有效的方法，那就是控制你的思想，快乐不在乎外界的情况，而是依靠内心的情况。

弟弟自杀五年后，郜洪辉的伤口已经缓慢愈合。

整洁的灰色衬衣下，换肾手术留下的刀口，长成了纤长的疤痕。脖子上因透析插管留下的针眼，越来越淡。

他和几年前判若两人。七年前，在安徽省阜南县，"尿毒症"这个全家人闻所未闻的名词，先后砸到他和弟弟郜洪涛身上。两个孩子的高额治疗费用，像天平两端沉重的铅块，将这个农村家庭压至绝望境地。

十九岁的弟弟选择放弃。他服下农药，留下遗书："我走了，但哥哥有救了。"

郜洪辉的命运从那时开始扭转：救助接踵而至，他做了换肾手术，回到高中校园。在这个夏天，他以超出一本线二十一分的成绩，被安徽农业大学计算机专业录取。

不到二十四小时，媒体为他凑够了四年医药费，大学也为他免除学费。手机忙碌地响着，郜洪辉礼貌地回应，暂时不再需要更多帮助。

然而，当关注的目光散去，洪涛的死，仍是这个家中最隐秘的伤口。它无声地飘荡着，像一个无法填补的空洞。

最初的两年，母亲不忍去给次子上坟，但每年春节，桌上总会多摆一副碗筷。大字不识的父亲郜传友，将那封字迹略显幼稚的遗书，小心地夹在军绿色小包的最里层。洪辉过去常和弟弟下棋，弟弟走后，那副棕色的塑料象棋，他至今还收着，却再也不愿打开。

两个儿子曾是这家人最大的骄傲。农闲时，郜传友在窑厂烧砖。为了两个儿子，他一个人干两个人的活儿。别人一天烧三千多块砖，他一天烧六千多块。他只念过两年书，但两个儿子成绩优秀，在班上都能排进前十。

他说，自己不羡慕别家楼房高，就盼着兄弟俩"考大学"。

医生开出的诊断书，击碎了这家人的希望。先是洪辉，接着是洪涛，都被确诊为尿毒症。

"医生都不敢把结果递给我。"郜传友侧着脸，哽咽着说。他记得洪辉刚被确诊时，洪涛还提出，要给哥哥捐一个肾。

记者扛着摄像机到来时，兄弟俩身体浮肿，穿着蓝白条纹的病号服，躺在同一间病房里。记者问，如果只有一个生的机会，留给谁？黄色的药液一滴滴落下，两个儿子望着天花板，回答都干脆果断，要让对方活。

十多万元捐款陆续送来，但钱仍是最大的问题。这个农民早已卖光为数不多的家当——大三轮车、农用车的拖车，还有成片的杨柳树。

从未出过远门的郜传友，带着两个儿子辗转去过南京、北京、郑州、合肥。他骑车卖过菜，在垃圾桶里捡过破烂，睡过医院外的凉亭。最后，走路时身板挺得直直的他，弯下了自己的膝盖，脖子上挂着纸板，跪在人声鼎沸的菜场里。

有人扔下五毛一块，更多的人骂他是"骗子"。

在北京301医院，一天吃饭时，弟弟平静地告诉洪辉："咱家条件不好，我就不治了。"

郜传友知道后，以为洪涛只是"开玩笑"。他没放在心上，只是反复告诫小儿子："治到哪一步讲哪一步，有一块钱就先治一块钱。"

许继朋是洪涛的好友，初中和兄弟俩在一个班。在他的记忆中，哥哥更加成熟稳重，弟弟看起来大大咧咧，但认定的事，他就会去做。

在病房里被困了两年后，这个十九岁的少年，决绝地走向了死亡。

他留下一封遗书。蓝色的圆珠笔字迹间，凝结着复杂的情绪。"如果我离开了你们，不是我不想治，而是我们家太穷了……在合肥住院的时候，我好想家！想我的同学，想我的老师，想我从前所经历的事情，一切的一切都好像是在昨天。""我今年才十九岁啊！老天没有给我绽放的机会。流泪？流泪！我除了眼泪好像是一无所有了，我离开了，你们就有更多的精力来给哥哥治疗了！爸爸，妈妈。"

在信的结尾，这个曾经淘气的弟弟，嘱咐哥哥："病治好的时候告诉我一声，我就很开心了。"

郜洪辉得知弟弟去世的消息时，已是一周后。父亲处理完后事，没让他见弟弟最后一面。"那是最黑暗的一段时光"，他常常坐在床上，望着窗外发呆。病房内是医院特有的蓝,窗外是压抑的灰白,没有一朵云。

他常给弟弟写信,写完就撕掉。兄弟俩没有一张合影,弟弟留下的照片,仅存于身份证和学籍卡上,他却经常梦见弟弟,全是快乐的日子。

在抽血化验和等待透析的间隙里,兄弟俩要么下棋,要么看书。无论上哪儿看病,父亲都拖着一个大蛇皮袋,里面一半是书,有高中课本,也有他们爱看的历史小说。

重读高中时,他将自己"藏"了起来。有人对这个"大龄考生"感到好奇,问他年龄,他只是笑笑。

上体育课时,他从不下楼,总是埋头做题。

很多从前的同班同学,不理解洪辉的"拼"。他做完手术后,他们心疼地劝道:"高考不是唯一的出路。"

郜洪辉却将它视为人生的独木桥。由于服用降低免疫力的抗排斥药,小感冒都可能让他丧命。只有一个健康的肾,他也不能过度劳累。但在所有人都在向前冲的高三,他有些顾不上身体了,半年没去复查,感冒了也没空去看,"熬一熬就过去了"。

他清楚地记得,在充斥着消毒水、针管和吊瓶的病房内,弟弟和他聊得最多的是"想上大学"。洪涛曾坚定地说:"哪怕每周做两三次肾透析,也要去参加高考。"

"有时候我觉得,不是我一个人在学。我也在替弟弟学。"

骑着电动车去学校,穿过小县城时,他还是会想起弟弟。

沿着被摩托车挤塞的街道,几个少年穿过喧闹的夜市,走到街心公园,那里是老城区的中心。在长廊下打牌的人们,光着膀子,踩着拖鞋。

黄昏时分,街上飘着大排档、生煎包和烤串的诱人香味。他们忍住口水,空着肚子回家,炒盘土豆丝,或者吃点儿馒头咸菜。日子平常得就像空气,"从没想过要珍惜"。

回忆着这些最寻常的日子,郜洪辉突然顿住,不再说话。如今,每天5点多起床后,他便出门给家人买早餐。不管多远,他都要去。

"经历了那么多,什么事都想得开,除了生死。"他在QQ空间中写道。

重回校园后,他养了一只乌龟。之所以选择乌龟,是因为它"安静,好养,能活很久"。

这个夏天,他终于要拥抱新生活了。

但安静下来后,他还是想"过一种稳定的生活"。"不再把伤疤揭开,平平淡淡地上大学、工作,当一个平凡的人。"

担担面的尊严

□ mc 拳王

> 一个没有原则和没有意志的人就像一艘没有舵和罗盘的船一般，他会随着风的变化而随时改变自己的方向。

四川雅安地震那年，我的一位在华西医院当医生的朋友参加了医院组织的救援队，奔赴灾区，我就跟着去帮忙抬担架。回程途中，车队堵在了成雅高速上，六个小时都没能移动分毫。

沿途有很多乡民贩卖方便面火腿肠，我问了一下，一碗方便面竟然卖到了四十元。就在这时，我看见以三蹦子为主的大军中多了一名佝偻的老者，他挑着一条扁担，扁担两端是一口铜锅和一个煤球炉子，颤颤巍巍地行走着。

我好奇地下车上前一探究竟，只见他支起锅炉，打开火，取出一把细薄的手工面，扔进铜锅开煮。同时极其麻利地打起了调料碗，我用鼻子都能闻出里面的红油、芽菜、蒜末、花椒面，以及透着一股焦香的猪肉臊子。

你能想象在大半天粒米未进的时候突然出现一碗正宗的担担面的情形吗？我掏出钱包，摸出一张百元钞票，跟老者说："来一碗。"

"有没有零钱？我找不起。"老者半眯着眼睛回答。

我愣住了，我想以该地段的物价水平，方便面都要卖四十元，一碗担担面不破百就是对成都小吃的侮辱。我坚持把一百元塞给老者，我说这不是钱的问题，是诚信问题。片刻工夫，面煮好了，老者用大盘子端着十碗面上了我们的车，他说十元一碗，决不发国难财。

车上七个人，我吃了两碗，那个刚啃完方便面的医生朋友吃了三碗，她看着瞠目结舌的我，赶紧尴尬地解释："我其实没有这么能吃，这是一种大爱。"

在那天之后，我再也没见过真正的担担面。在那天之前，我也没见过。

谈一场恋爱的成本

□莫小米

> 爱是一种神奇的力量，它使得数学法则失去了平衡；两个人分担痛苦，只有半个痛苦；而两个人共享一个幸福，却有两个幸福。

他们遥隔千里，经人介绍，开始通信。

第一封信写于盛夏，男给女。除了自报家门，首先亮出政治身份——党员，然后才是性格、才艺展示——喜静少言，爱拉手风琴，等等。20世纪50年代，话不多，是优点。

姑娘觉得小伙子条件还可以，便回了信，还回赠了照片，以表诚意。他们对对方的赞许，不会直接说，只用"向你学习"来表达。双方互有好感，就在纸上你学习我，我学习你。

小伙子回信，特意提及，信封上写一个姓即可，别写全名。他正在追求进步，虽然已二十八岁了，但谈恋爱还是不想声张。

一个多月后，他们的信件已经打了四个来回。小伙子提出，将于秋天回南方探亲，届时将去看望她。

小伙子如约来到了姑娘的家乡——浙江的一个小城。

淅淅沥沥的小雨下了三天，小伙子一直躲在房间里看书，姑娘则一直在妈妈身边帮厨。事后小伙子在信中说："我感到我们比没见面时要熟悉了许多。"

姑娘的答复是："对我们今后友谊的发展和巩固是非常有利的。"三天里，两个人连手都没有拉一下。

之后又是写信，一来一往，从未间断。半年里，加起来四十多封信。

转眼到了春节，姑娘在信纸上含蓄地表达："一颗幼稚的她的心，似乎已经献给他了。"

小伙子接信后，回信要姑娘解释"她"和"他"究竟指的是谁。姑娘在信中却只字不提。小伙子不依不饶地再问……这样的爱情游戏，与现在动辄"老公""老婆"的快捷方式，迥然不同。

　　时值两个人通信一周年，第一百封信中，小伙子终于表白，照录如下：

　　"亲爱的，我觉得我已经深深地爱上你了，这是在经过特别慎重的考虑后才向你表示的。我向你起誓，我从来没有向其他女同志表示过，今后也不会向其他女同志有所表示。请相信我一个共产党员的道德品质。"

　　光阴流转，现在他们是一对恩爱的老夫妻。

　　谈一场恋爱的成本高吗？一百封信，八分钱一张邮票，总共8块钱而已。

　　谈一场恋爱的成本低吗？绝不低，它押上了一生的光阴。

教养，就是两个陌生人之间的默契

□沐 叔

> 所谓以礼待人，即用你喜欢别人对待你的方式对待别人。

我又一次经历了一场动车的酷刑。

邻座的大叔不光脚臭，还要脱鞋；跟前面的人说话的时候，声音大得像吵架一样，让我不堪其烦。

当我跟朋友感慨总有人外出不注意形象的时候，朋友说教养其实是一种陌生人之间的默契。

我也是第一次听见这种说法。

他拿坐动车这事儿给我打了一个比方：想象你在动车上有一个理想的邻座。他身上没有异味，看上去干净整洁。如果你发现他着装不俗、气质独特，更会觉得心情愉快、赏心悦目。

一路上，你们不会说一句话，可以安心享受彼此的独处时光却又始终坐在一起。默契存在于当你们都想把两个胳膊搭到扶手上时，他收起了他的，你收起了你的。又或者说你们并没有默契，这只是教养使然。

听了他的解释，还真是这么个道理。你不认识我，我不了解你，两个陌生人之间最好的默契，便是教养。

你为什么会对素不相识的人产生恶感？往往是因为另一方缺乏教养。

当你在快餐店排队买饭的时候，突然来了一群人和排你前面的顾客插科打诨、有说有笑，就这样"顺水推舟"地把队给插了。这样的人讨不讨厌？

当你和朋友在餐厅聚餐，气氛正融洽的时候，旁边的小孩又吵又闹、跑来跑去，小孩的父母只是说一句"孩子这么小，你就别计较"，便无动于衷了。这样的人讨不讨厌?

……

虽说我们大多时候以貌取人，但是我们不可能仅凭一个人的美丑去选择我们的好恶。而教养，则是一个人跨越外表更加真实的本质。

你也许会问，两个人萍水相逢，或许再也不见，要什么默契?

试想一下，当你遇到麻烦向陌生人求助的时候，颐指气使往往只会惹人白眼，礼貌谦让反而会有意外之喜。

对陌生人有教养，就是给自己行方便。

毕竟，没人会反感有教养的人，你尊重我，我尊重你，不正是一种默契吗?

什么是陌生人之间的默契?

两个人都要进电梯，他在前，你在后，你欣慰地发现，他身子在里，手却在外头替你抵着门。这算不算一种默契?

在居住的楼下开门的时候，看见邻居远远走来，你为他扶着门，他也为此走快了两步。这算不算是一种默契?

下雨天，你在走路，他在开车，他放慢车速，你没有被溅得一身泥水。这算不算是一种默契?

……

你有你的界限，我有我的区间，彼此不逾越，互相不侵犯，这种心照不宣地为对方考虑，是善意，是默契，是教养。

英国哲学家洛克曾经说：“在缺乏教养的人身上，勇敢就会成为粗暴，学识就会成为迂腐，机智就会成为恶趣，质朴就会成为粗鲁，温厚就会成为谄媚。”

当然，大多数时候，你无法决定别人和你的“默契”，但你可以保留自己的善意。不去强加给别人教养，不也是你和他的默契吗?

你我萍水相逢，愿有一丝默契。🌢

封存在十八岁的初恋

□ 素颜简心

你不能同时有青春又有关于青春的知识，因为青春忙于生活，却顾不得去了解，而知识服务于生活，忙于自我寻求。

十八岁那年，我上高二。那时，情窦初开的我心里隐藏着一个"天大"的秘密：作为全校公认的"三好学生"，我居然冒天下之大不韪，喜欢上了一个阳光、洒脱、瘦高的男生！如果不是后来发生的一件事，我想，这个秘密只能封存在我的内心深处，永远不会有出头发芽的一天。

那年元旦联欢晚会结束后，我收到一件神秘的礼物和一封情书。遗憾的是，它们的主人并不是我心仪的那个男生。那时候，校风很保守，即便有早恋现象，也类似"地下党"，是不敢公开的。所以，我收到礼物和情书，如同做了见不得人的事，心里异常紧张，当晚竟然失眠了。整个晚上我都在琢磨怎么把礼物退回去，而又不致伤害那个男生的自尊，不会影响同学之间的情谊……我打了很多种腹稿，但最后我还是没勇气直接单独面对他，便托一位要好的同学把礼物和回信转交给了他。其实他是我喜欢的那个男生的最好的朋友。

寒假过后，开学一个多星期了，我喜欢的那个他还没来报到，我心里充满了不安，却又无从打听。我魂不守舍地上课，天知道老师都讲了什么。有一天，我们正在上课，"报告！"那个我日思夜想的声音终于在教室门口响起。正在黯然神伤的我满是惊喜地抬起头，期待老师赶紧让他进来，生怕稍慢一步他又不见了似的。我以为，他来了就会好好跟我们一起上课。可是，他来竟是为了申请退学。得知真相后，我仿佛觉得天要塌下来似的，我第一次意识到他在我心里竟是那么重要。

当天，我趁旁人不注意，把一张字条夹在他桌子上的化学书里，又把他的尺子放在同一页，以便下午上化学课时，他打开书就能看到。老实说，十多年过去了，字条上的原话我已经记不清了，只记得是一首在心里酝酿已久的小诗，里面含蓄地表露了我对他的爱慕之情，并期待他能留下来继续读书。下晚自习时，他塞给我一张字条，上面写着：三天后给你回复。

忐忑不安地度过了生命中最漫长的三天，我终于等来了他的一封长信，信的大意是，亲朋好友说服不了他重回课堂，老师同学也改变不了他退学的决心，但为了我，他情愿留下来好好读书，与我一起考大学。从此，我们便开始了一日一封信的"笔谈"。我们都是课代表，在收发作业时借着作业本的掩护，交换"情书"。这样的日子，充满刺激和甜蜜。

那时，《还珠格格》正在热播，主题曲是我们都喜爱的《雨蝶》："我向你追，风温柔地吹，只要你无怨，我也无悔。爱是那么美，我心陶醉，被爱的感觉……"我记得他还把这首歌词抄写在信纸上，送给了我。他那遒劲有力、龙飞凤舞的字体，也是我喜欢上他的原因之一。

走得最急的都是最美的风景，伤得最深的也总是那些最真的感情。后来，当他知道自己最好的朋友喜欢的人竟然也是我时，他开始变得沉默。再后来，当我知道他退学的真正原因——他的初恋拒绝了他时，我开始怀疑我们之间的感情……我们再也无法找回从前那种单纯的信任与快乐，再也不能尽情享受爱情的美好与纯真了。

转眼间，压力重重的高三来了，来不及思考这场爱情的前途，我们就在忙碌、紧张的备考中，以沉默无言的方式宣告了它的"寿终正寝"。从此，18岁的爱情便成了封存在我心底、旁人难以触及的美好记忆。🖋

我与幸福之间，只差一只猫儿

□［日］村上春树

> 这个世界是多么冷酷。然而，待在猫儿身边，世界
> 也可以变得美好而温柔。

上大学时，我在夜里打工回家的路上看见一只小猫咪。一喊它，它便一边叫一边跟着我走，紧追不舍，一路跟到了家门口。我无奈只好给它一点吃的。猫咪就在家里住下了。

我并没有专门起名字，有一天听广播，说有个人养的猫不久前失踪了，名字叫彼得。于是我想："得了，就叫彼得吧。"

彼得就这样生活在我家，长成了一只有点凶的小公猫。早晨肚子饿了，它就"啪唧啪唧"地拍打我的脸。

一人一猫比较投缘，一起生活了好多年。

那时待在学校也没劲，烦心事还真不少。可只要和猫儿一起坐在午后的阳光里，静静地闭上眼睛，时间就会温柔而亲密地流淌过去。

后来，我开了一家店，叫"彼得猫"。一天的工作结束后，夜里，我就把猫放在膝盖上，一边啜几口啤酒，一边写起了我的第一篇小说，这至今都是美好的回忆。

经常有人问我："为何您的作品总能让人感到温暖呢？"也许，这应该归功于陪我写作的猫咪吧。

我二十出头，住在东京近郊一所四下漏风、寒冷彻骨的房子里。一到早晨，厨房里竟会结满冰。

我养了两只猫儿，睡觉时人和猫紧紧搂在一起取暖。当时，我家成了猫儿们的活动中心，时时有猫儿结队来访，有时候就把它们搂在怀里。那是一段艰苦的

日子，但由人和猫儿拼命酿造出的温情令人感动。

从那以后，我就想写能酿造出温暖的小说。二十多岁的时代就这样手忙脚乱地过去了。

现在，我仍会想到静静地消失在树林里的彼得，而一想彼得，我就想起那个还年轻、还贫穷，不知恐惧为何物，却也不知日后出路的时代，想起当时遇见的许多人。那些人后来怎么样了呢？

我与安西水丸先生，常常因为书籍的装帧和插画合作，这种交往始于很久以前，但并非仅此而已。我们都长期住在青山一带，工作室也在那附近，一到晚间便经常在附近游荡，或是去酒吧喝上一杯。

走进附近的酒吧，酒保也会告诉我："水丸先生昨天来过，还说这阵子没见到村上先生来着。"

东京虽说是大都会，但在一个地方住久了，就明白人的活动范围很有限。

水丸先生是个非常热心的人。大约七年前我盖房子的时候，请他画和室（日本传统房屋特有的房间）的装饰画，他一口应承："行，我来干。"于是他不辞远道赶到我家，亲自动手磨墨，用毛笔画上了漂亮的富士山和鱼。然而，他一个人关在那间屋子里画隔扇时，一只大得像美洲狮的猫儿把他画的鱼当成了真的，冷不防哇地一声猛扑上去。水丸先生虽然身负重伤鲜血淋漓，但还是紧握画笔不放，坚持把隔扇画完。

这当然是无根无据的谎言。我家那只暹罗猫只是踱过来，兜了一圈，舔了舔爪子而已。水丸先生害怕猫狗，一定把那只暹罗猫看得像美洲狮一般大了。

自那以来，我遇到好多人问："听水丸先生说，您家里养了一只非常凶猛的猫，是不是呀？"

我养的不过是一只娇小的、好奇心略强了点的暹罗猫。

世上绝大部分的猫我都喜欢，不过生活在这世间的猫儿当中，我最喜欢上了年纪的大母猫。和那只猫咪一起生活，是我六七岁刚刚升小学的时候。它的名字叫"缎通"。它有毛茸茸的毛、肥嘟嘟的后脖颈、凉凉的耳朵，喉咙发出"咕噜咕噜"的声音，像夏末的海浪声。

当猫咪躺在洒满阳光的廊子里睡午觉时，我喜欢在它身边咕咚翻身一躺，闭上眼睛，嗅着猫毛的气味，感觉自己也变成了猫的一部分。

我们从猫咪身上学到，幸福是温暖而柔软的东西。它也许就在身边，不在别处。假如没有猫，这世界将变成什么样呢？

大概就没有"彼得猫"，没有《挪威的森林》，也没有《毛茸茸》了。

严肃的高跟鞋

□肖尔布拉克

不管是白昼还是黑夜，我都珍藏着，您给予我的那片燃烧的阳光，我将为这珍藏的拥有而永远骄傲。

高中的时候，我最害怕的就是楼道里传来的呱嗒呱嗒的高跟鞋声。这种声音给同学们造成的恐慌，丝毫不亚于战场上发起总攻的信号弹。

上了高二以后，我选择了文科，在所有的老师中，只有数学老师和地理老师是男的，其他的都是穿着高跟鞋的女老师。其中，历史老师王浩玲的高跟鞋声尤其响，人也最严肃。每次上历史课前，只要一听到王老师高跟鞋的声音，全班同学就迅速拿出历史书严阵以待。

我最看不惯她拖堂，而且她总喜欢带着她三岁的女儿小米来上课。当时我坐在最后一排，她在讲台上讲课，小米坐在教室后面玩玩具。我经常不好好上课，跟小米在后面玩，还偶尔哄一哄她。牺牲我一个，让同学们好好听课，反正我也不喜欢学习。

当时我们最怕周一上午最后一节历史课，因为历史老师每次拖堂都会拖到食堂没有饭。同学们也都是敢怒不敢言，直到我发现了特别管用的一招。

有一次，她又拖堂，我饿得实在受不了了，就冲坐在教室后面玩玩具的小米招招手。小米看到我招手就走到我身边。我小声问她："小米，哥哥好饿呀，你饿了吗？"

小米说："我不饿，我刚吃了饼干。"

我摸摸她的头说："你是不是不想按时吃饭？不按时吃饭的孩子都不是好孩子，告诉哥哥你饿了。"

她点点头说："嗯，我饿了。"

我说："好孩子，去跟你妈妈说你饿了！"

小米走到讲台旁边，对王老师说："妈，我饿了！"

全班同学都笑了，王老师瞪着我们说："严肃点儿，笑什么笑！好了，下课吧！"同学们惊喜万分，从座位上跳起来就冲向食堂。

我从来就没见王老师笑过。她总是很严肃，我又总是吊儿郎当，所以她平时看我很不顺眼。

有一次上晚自习，我看路遥的《平凡的世界》时被她抓到了。她二话不说就把书收走了，还跟我说："你要是不想学习，就趁早滚蛋！"

我说："我觉得我看这本书比看历史书学到的东西多！"

她小声跟我说："你要是再狡辩，我就告诉你们班主任。"听到这句话，我就乖乖地闭嘴了，因为她虽然严肃但是心地善良，为人简单，直来直去；而我的班主任简直就是笑面虎，且皮笑肉不笑，半边脸笑半边脸不笑，豆腐嘴刀子心。

书被收走三个星期了我都没去找王老师要，她实在是憋不住了，一次晚自习把我叫了出去。我看到她眼睛红红的，好像刚哭过，心想这下完了。

她手里拿着那本《平凡的世界》问我："你怎么回事儿？我不来找你，你就不来找我把书拿回去，是吧？"

我低着头小声说："你想没收就收呗，反正这书是学校图书馆的。"

她被我的话气笑了，说："死猪不怕开水烫，是吧？行了，我明天帮你还回去。"

我保持礼貌，对她说："谢谢老师！"说完，我转身就要走，却被她拦住了。

她说："老师知道你本性不坏，现在好好学习还不晚。你要是喜欢写小说，上了大学有的是时间写。你现在要做的就是好好学习，将来考上一所好大学！"

我说："我感觉自己的天赋和灵感都要被高考抹杀了，我越努力就感觉越危险。"

她说："如果是真正的天赋，那就不会被抹杀。听话，还是先好好学习吧！"

其实听了她的话我很感谢她，我就把我内心的真实感受跟她说了。我说："老师，我感觉自己就像一条鱼，我应该生活在水里。可是你们总是拿高考威胁我，把我赶上陆地，赶到沙漠里，把我变成一条在沙漠里行走的鱼。当我穿过沙漠到达大海的时候，我的鱼鳍肯定会进化成四肢，鳃也会变成肺。到那时，大海还属于我，而我就不再属于大海了。那时候我会更难受的。"

她听了我的话，沉默了一会儿，长出一口气说："你言重了，如果你是真的喜欢写作，经历困难以后只会让你变得更喜欢。你以为就你喜欢做自己喜欢的事吗？如果生活永远不可能是你想象的样子，难道就不活了吗？拿我来说，我既要上班又要带孩子，小米的爸爸长年奋战在石油基地，我不也照样坚持下来了吗？"她说着就流下了眼泪。

我知道她是为我好，但是我就是无法理解为什么要高考，而且要考数学。

我说："谢谢老师！"

她说："没事儿，不好意思，我最近压力也有点儿大。今天跟小米的奶奶吵架了，我想让她帮我带带孩子，可是她对小米没有耐心，每次都是带两个小时就给我送回来了。唉……"

我没想到她竟然会当着我的面诉苦，我也不知道该怎么办，就对她说："那你就把小米带到班里呗，我可以跟她玩啊！"

听了我的话，正流着眼泪的她在我头上轻轻拍了一巴掌，说："你傻啊？你要好好学习，我已经把小米送到托儿所了。"

从那以后，她好像对我更有耐心了。

高三那年元旦，库尔勒下了很大的雪，校长通知上午前两节课停课，全体师生去操场打雪仗。

当时我们像兔子一样蹿到了操场，玩得不亦乐乎。大部分老师都站着看我们玩，只有少部分跟学生关系好、玩得来的老师才跟学生一起玩。

历史老师站在那里看我们玩，眼神里有些落寞。我跑过去从后面把她绊倒，对同学们喊："我把历史老师绊倒了，有仇的报仇，有冤的报冤！"同学们围上来，有的蹲着，有的跪着，往历史老师身上扔雪，她就抱着头，我们快用雪把她埋起来了，她才挣扎着站起来。

她一站起来我们就跑了，她团了一个雪球扔向我，说："坏蛋，给我站住！"

她穿着高跟鞋追我，差点儿摔倒，我跑过去扶住她，让她慢点儿，她将一个雪球塞到了我的脖子里。

那天我们玩得很开心，她也跟我们打成一片。从那以后，她就变得爱笑了，跟我们班同学的关系也越来越好。

大二那年暑假，我回了库尔勒，去学校溜达，她大老远就认出了我。她问我在大学怎么样，有没有放弃当初让我挣扎得死去活来的理想，还让我好好加油，常回母校看看。

诺言与誓言

□ 高　深

《史记·季布栾布列传》中有句话："得黄金百，不
如得季布一诺。"季布讲义气，重信用，说到做到，从不
食言。后来，人们就用"一诺千金"形容说话算数。

公元前400年的意大利，有个叫皮斯阿司的青年惹怒了国王，将被处死。因
为家有老母，他请求国王给他几天缓期，要向老人家告个别，表示不能尽孝的歉
意。国王看他是个孝子，就答应了他的请求，但有个条件，这期间必须有另一个
人替他坐牢——他若不回来，此人将替他受死。他的朋友达蒙相信皮斯阿司，情
愿替他坐牢。

谁承想，过了一天又一天，并不见皮斯阿司返回，人们盘算着就要到来的行
刑日期，认为达蒙被皮斯阿司骗了。刑期到了，那天下着牛毛细雨，达蒙被装进
刑车，押赴刑场。

追魂炮已经点燃，绞架也挂上了死刑犯的牌子。达蒙面无惧色也无怨悔，等
待受死。就在此时，风雨中传来一个嗓子已撕裂的声音："我回来了！""达
蒙，我回来了！"

这是多么让人感动的一幕！这消息马上汇报到国王那里，他亲自来到刑场，
见自己的国家竟有如此信守诺言的子民，亲自为皮斯阿司松了绑，当众赦免了
他。接下来，更令人意外的是，国王任命皮斯阿司为司法大臣，任命达蒙为礼仪
大臣，协助他治理国家。国王深信，皮斯阿司和达蒙一定能辅佐他把国家治理成
守信之邦、礼仪之邦。这两个人担任大臣之后，意大利果然走向辉煌。

《宋书·江夷传》中说："为国之道，食不如信。立人之要，先质后文。"遵
守诺言就是维护信誉，保护自己的第二生命，于国于家于己，莫不如是。

要心

　　愿你能因为某个人的出现而让世界丰盈，愿你的生活如同贺卡上烫金的祝词欢脱，愿悠长岁月温柔安好，有回忆煮酒。

一

　　"那个，请问你有没有多余的心，给我一颗好吗？"

　　"啊？"正在田里忙着耕种的老大爷听到有人竟然问这么荒唐的问题，惊讶地转身向后看去。

　　"妖……妖怪！"

　　不看可好，这一看，直接把老大爷吓得晕了过去。

　　原来站在他身后的不是人，是一个全身乌黑，用上好檀木制成的木头人。

　　木头人用它那银白的小眼睛看着被自己吓晕的老大爷，无奈地叹了口气。

　　"唉，真对不起，我并不是想故意吓你的，我只是想要一颗人类的心。"

二

　　木头人为了得到一颗人类那样的心，走过一个又一个地方，可无论到哪里，见到它的人不是被吓晕就是被吓跑，以至于一直无法如愿。

　　这天，木头人又来到一个村子，情况如往常一样，人类对它都躲得远远的。木头人失落地坐在一棵大树下，思考着下一步的计划。

　　"咚！"一颗石子砸在了木头人的头上，发出一声沉闷的声响。木头人摸了摸自己被砸的头，扭头看向身后。"木头妖怪，不许你伤害村民，从这里滚出去！"用石子砸木头人的是一位十四五岁的少年。

　　"不，不，我不是妖怪，我只是一个木头人，我也没有要伤害你们的意思。"木头人向着身后的少年解释着，生怕引起别人的误会。

"那你来这里干什么？"

"我……我只是想拥有一颗像人类那样的心。"

少年听了木头人的回答，疑惑不解，他看着木头人那懦弱又委屈巴巴的样子，觉得它没有恶意，便来到木头人身边，坐了下来："拥有人类的心？为什么？你没有心吗？"

"不，我有心，只不过是用木头做的。"木头人边说着，边把手放在自己心脏的位置上，"把我制造出来的老木匠最大的遗憾就是没有给我一颗人类般的心，为了完成他的遗愿，所以我才到处找人去要心。"

"哈哈，原来是这样啊。"少年听到原因后，哈哈大笑起来，顿时觉得眼前这个看起来很可怕的木头人真是傻得可爱。

"这还不简单，人类的心对吧？只要你跟我混，我就给你。"

"真……真的吗？"

三

"哎哎，你什么时候给我心啊？"自打木头人跟少年混在一起，这句话便成了木头人的口头禅。"哎呀，你好烦啊，还不到那个时候。"少年也总是厌烦地回绝着它。

少年虽然表面很烦，心里却非常高兴，自小被双亲抛弃的他，一直以来孤独的生活总算是结束了。而木头人虽然是为了要"心"跟少年待在一起，可自己独自一人，没有归宿的旅途也迎来了终结。

随着相处的时间变长，木头人那一成不变的脸上竟也丰富多彩起来。"哎哎，起床了。""哎哎，吃饭了。""哎哎……"木头人如保姆般细心地照顾着少年的日常生活，而少年也教木头人学习一些东西。

"这个要这样弄。"

"哦哦，你好厉害啊。"

"那是你太笨了，如果你学会这些，我就把心奖励给你。"

"唉！你上次也是这么对我说的，可也没有给我啊。"

"少废话，按我说的去做！"

四

凉爽的清晨，木头人如往日一样，做好了早饭，去叫少年："哎哎，小懒猪，起床吃饭了。"

木头人见少年没有回答，便又提高了音量："喂！吃饭了！"

少年依旧没有回答，木头人有些生气，他来到少年床前，准备把少年拉起来，可手刚碰到少年，就发现少年浑身滚烫，木头人发觉不妙，赶忙把村里的大夫请来。

大夫看了看少年的情况。"嗯，没事，吃了药养几天就好了。"尽管大夫说没事，可木头人还是哭了，这是它第一次哭。

"都说了没事了，你哭什么？"

"看到你生病难受的样子，我感觉这里好难过，好疼哦。"木头人边哭着说，边指向胸口的位置。

少年温柔地抚摸着木头人的头："乖，别哭了，过几天就好了。"

五

几天后，在木头人的精心照料下，少年痊愈了，经过这次生病，被木头人宠惯了的少年想到自己平时的行为，有些于心不忍，于是把木头人叫到自己面前："木头人，对不起，你走吧。"

"哎！"木头人有些慌张，它看着一脸歉意和严肃的少年，知道他没有开玩笑。

"是我哪里做得不好吗？我会改的，所以不要赶我走啊。"

望着泪流满面的木头人，少年更愧疚了："当初说给你心是骗你的，我只是想身边有人陪罢了，你对我这么好，我不忍心再继续骗你了，所以……"

"不要了，心我不要了，我还想继续跟你一起生活，不要赶我走啊。"木头人乞求着。

"可……那是你的愿望啊。"

"已经实现了哦。"木头人认真地看着眼前的少年，"心我已经找到了。"

弟弟的血型 □侯文咏

　　我们内心越独立，重要的人就越少，你不确定什么时候会失去他们，唯一能做的，就是对还留在身边的人更好，耐受人生平淡和热闹。

　　今天在席间来了个星座血型专家，于是大家自然谈起了星座、血型，还有个性、男女交友这类的事。大家正热闹地起哄着，忽然有人朝我丢过来一个问题："那侯大哥，你到底相不相信血型和星座这类的说法？"

　　我？我其实也没认真思考过信或不信的问题。

　　"那你刚刚在发什么愣呢？"我只是忽然想起关于我弟弟血型的事。

　　一直到十八岁之前，不晓得到底是弄错了还是怎么回事，我弟弟一直以为自己的血型是O型。书上说O型血的人个性冷淡，遇事冷静，较讲求客观公平。

　　结果我弟弟表现出来就是那种酷酷的冷淡模样。

　　好笑的是，我弟弟上了大学以后，无意中在某一次的身体健康检查后发现自己竟然是B型血。他大吃一惊，原来这个错误持续了十八年之久。他在拿到检查报告之后，立刻跑去查书。书上说：B型血的人倾向开放、乐观、好动。喜好社交活动，口才佳、善解人意、人缘好……

　　"啊！"他恍然大悟地告诉我，"原来我是这样的人。"

　　从此我弟弟变成了另外一个完全不一样的人。他不但积极加入社团，还变得喜欢发表意见，喜欢帮助别人。他不但当了班代表，还得了许多奖，并且当了社团的社长，他变成了一个和书中形容B型血个性一模一样的人，我们都感到非常惊讶。

　　我弟弟长大之后，又读了博士，在研究室工作，目前已经是医学院里的教授了。

　　我忽然想，如果他一直没发现自己是B型血，另外那个一直是O型血的弟弟的人生，不知道会变成什么？

我妈和她的前半生

□一 零

> 对我而言，我的母亲似乎是我认识的最了不起的女人。我遇见太多太多的世人，可是从未遇上像我母亲那般优雅的女人。如果我有所成就的话，这要归功于她。

　　我妈翻过年五十岁了，说严重点儿就是年过半百。几年前她就开始念叨这件事，过年还要把我拉到一边，认真地看着我说："羊儿，你看妈是不是老了？妈觉得今年一下子老了好多。""一下子"是她的基本量词，姥姥姥爷在她那儿也是"一下子"就老了的。

　　我妈的第一份工作是在粮食局倒面炸油条，每天天不亮上班，顺道把我寄存到别人家。后来艰苦自学，成为一名会计，以快准稳闻名。我妈觉得她这么会算钱，都是遗传了姥爷经商的头脑，但不知为何我一点儿没遗传上，最近搞明白，是被我爸的基因搅和了，我爸出去买瓜，人家卖两块钱一个，他非让人便宜点儿，五块钱两个，不然就拉倒。

　　我妈是典型的水瓶座，大心大肺，活在自己的世界里，有种"管他呢，不管了"的勇敢。要说我妈在我心中的形象，始终带些侠气的原因，估计和我小时候看过她戴着牛鼻环，穿着异域长袍，一只眼妩媚，一只眼坚毅地看着镜头的照片有关，cosplay（角色扮演）得相当到位。

　　可我依然觉得我妈特好，不是因为她勤俭持家，洗衣做饭，这些她都不擅长。勤俭持家，算了吧！小时候我妈常对我说："来，替妈妈存点儿钱，等月底妈没钱了再拿出来。"洗衣做饭也算了吧！高中三年偶尔吃上一次早饭，说给同桌听，同桌都眼含热泪地替我高兴，"你终于吃上早饭了！"

　　她过得好是因为她不依附于谁，特独立，不管是什么身份，始终活得自我。譬如我要是苦大仇深地对她说："妈！您辛苦了！我一定好好报答您！"我妈一定是一副"你少来"的表情。她觉得，你是你，我是我，我不想在你身上寄托什么自己的愿望，有那工夫，我自己实现得了。

我爸是个特传统的中国男人，就希望老婆孩子热炕头，大家都待在家里，别出去胡整。

可人生就是这么曲折，先是我这个闺女给他痛心一击，我打小踢球爬树每天回家一身土，不明真相的单位同事都夸我是个皮实的好儿子；再是我妈补上一刀，辞职下海，以"知天命"之龄愉悦地奔波着，我们家三口人就这样生活在了三个地方。

我喜欢和我妈聊天，她老有一股子劲儿，非常积极，聊完让人觉得没啥事儿大不了，太阳照常升起。我还在念书，最悲剧的是不知啥时毕业，愁得发际线都快上天了。我说："都怪我，如果当时不出国，现在都够念博士了，就算不念博士也可以工作了，可我现在还搁这儿飘着呢。"面对我祥林嫂附体般的喋喋不休，我妈倒是一点儿不着急。

"你不还年轻吗？你马上饿死了？没有吧。急什么啊？慢慢学着看着不挺好？"

"可是人家都开始结婚了，我还愁期末考试呢。"

"你姥爷那一辈开始努力工作，我和你爸努力工作，现在好不容易轮着你能看点儿不一样的风景吧，你又着急回来，回来干吗？"

对啊，回去干吗我也没弄清，看到同龄人已经稳定下来，好像也不是我想要的，那我想要的是什么呢？

"你就是想太多，先把自己吓死，去做不就行了吗？我这把年纪还不是一样在追寻自己想要的吗？我想学画画，小区里就有培训班，我一定抽空要学，我还要多读点儿书。二十几岁的时候谁能一下子知道自己想要什么、未来在哪儿啊？都是摸着石头过河，慢慢慢慢才知道的，我像你这么大时还在倒面炸油条呢，也没想到今天会在这儿啊。"

她就是这么个态度，人在不？人在就行，那就天很蓝，草很绿，鸟儿唱着歌儿。刚刚还发来信息，让我打开心胸放眼世界，不要活在盒子里，啧啧，思想还挺时髦。我上次回家，她穿着皮裤和豹纹短袄去机场接我，还烫着一头卷发。

惊诧于我妈的这身装束，我迟迟不敢母女相认，还是我妈转过身看见我，大声地说了句："美女！你咋变得这么漂亮！"其实我坐了十几个小时飞机，头发都贴在脑门儿上，搁平时我也就没羞没臊地承认了，但这会儿良心实在过不去，而且周围有很多目光雪亮的群众。

这就是我妈爱的鼓励式教育法，深知孩子的成长离不开父母的鼓励，甭管孩子几岁。我出去买包盐，我妈会表示她以我为骄傲；我代小组长收个作业，我妈说我特别棒。高中有段时间我熊壮熊壮的，有天我心虚地问我妈我瘦不瘦，我妈看都不看就说瘦，瘦得像猴子一样。我听着很安慰，后来回想起每当她夸我瘦的时候，都不看我的，要么闭着眼睛，要么四处看风景，可能这就叫"不忍直视"或者"人艰不拆"吧。

这几年成人了，每每想起以前我干的蠢事就恨不得想死，尤其是叛逆期，人家都玩早恋约会离家出走，我特别怂，只敢在家里和我妈斗法。我妈为此伤心过几次，好在她不记隔夜仇，更年期时没打击报复我，不过鉴于现在我在外面被别人折磨，哭得满脸鼻涕眼泪，也算是有人帮她报仇了。

所以朋友们，小的时候轻点儿作，大了都要作回来。

我妈是近视眼，我也是，有天一起赏月，月牙弯弯，挂在天边，我妈说："你看，是不是一轮圆月？""怎么会是一轮圆月呢？""你把眼镜摘下来再看是不是？"借着散光和近视，还真是一轮圆月。"都一样，事儿都一样，就看你怎么个角度看了，这不总是一轮圆月吗？"

我的妈妈就是这么机智。

其实从小到大写人物，我妈一直是我的不二人选，而且写成了个谐星，真不好意思哈。希望天长地久，我们娘儿俩就这么过下去吧。

哦，对了，带上我爸。

时间的机密　　□龙应台

> 当你跟一个东西格斗的时候，你绝对没在看那个东西。当你跟时间格斗的时候，你绝对没在看时间。

现在的我，才看得见时间。

单单是这个阳台，时间的机密就每天泄露。

泄露在软枝黄蝉的枝叶蔓延里，枝叶沿着我做的篱笆，一天推进两厘米。

泄露在紫藤的枝干生长上，每天胖一厘米，抽高一厘米。

泄露在玉女西红柿的皮肤里，每黄昏一次，胭脂色就加深一层，好像西红柿每天跟晚霞借颜色，粉染自己。

上周种下一株扶桑，就是朱槿、大红花。在乡下，人们以扶桑花做篱笆。一整面篱笆的灿烂红花迎风摇曳，是乡村的一枚胸章。

你以为它们就是一群花朵像装饰品一样固定地长在那儿。种下了这一株之后，才知道，原来每朵花都有独立人格，是朝开夕坠的，也就是说，今天上场的，绝不是昨天那一朵。扶桑花感应到清晨第一道日光照射，就奔放绽开；傍晚时日光一暗，红花就收拢、谢幕、退场，与花蒂极干脆地辞别落地。

李时珍称扶桑为"日及"，因为它"东海日出处有扶桑树，此花光艳照日"。

所以，最不矜持作态的篱笆"贱花"扶桑，是个标准定时器。而你一旦知道了它有时辰，就会对每天开出的那一朵郑重端详，因为你知道，一到傍晚，它就离开，一刻不留。